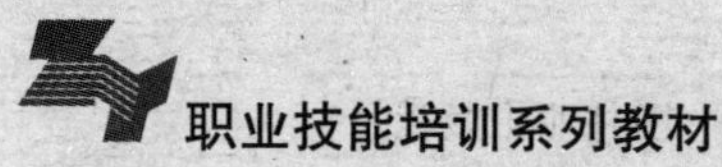

钢筋工基本技能

毕　重　主编

中国林业出版社

图书在版编目(CIP)数据

钢筋工基本技能/毕重主编. -北京:中国林业出版社,2009.7(2010.8重印)

ISBN 978-7-5038-5652-5

Ⅰ.钢… Ⅱ.毕… Ⅲ.建筑工程-钢筋-工程施工-技术培训-教材 Ⅳ.TU755.3

中国版本图书馆 CIP 数据核字(2009)第116408号

出版:中国林业出版社(100009 北京西城区刘海胡同7号)

编者咨询 E-mail:13901070021@139.com 电话:010-83283569

发行:新华书店北京发行所

印刷:北京中科印刷有限公司

印次:2010年8月第1版第5次

开本:880mm×1230mm 1/32

印张:3

字数:90千字

定价:8.00元

前　言

职业技能培训是提高劳动者知识与技能水平、增强劳动者就业能力的有效措施。职业技能短期培训，能够在短期内使受培训者掌握一门技能，达到上岗要求，顺利实现就业。为了提高各行各业劳动者的知识与技能水平，增强其就业的能力，我们特意组织了全国各地一批长期在一线从事职业培训教学、富有经验的知名教师编写了这套“职业技能培训系列教材”。

本套教材是为了适应开展职业技能短期培训的需要、促进短期培训向规范化发展而编写的。该套教材以相应职业（工种）的国家职业标准和岗位要求为依据，根据上岗前职业培训的特点和功能，以基本概念和原理为主，突出针对性和实用性，理论联系实际，使读者一读就懂，一学就会。

这套教材适合于各级各类职业学校、职业培训机构在开展职业技能短期培训时使用。由于时间仓促和编写者的水平有限，书中错漏之处敬请读者批评指正，在此深表感谢。

编　者

2009 年 6 月

目 录

第一单元　房屋构造与建筑识图基本知识

模块一　概　述

建筑通常认为是艺术与工程技术相结合，营造出供人们进行生产、生活或者其他活动环境、空间、房屋或者场所。一般情况下是指建筑物和构筑物。建筑物是指供人们生活居住、工作学习、娱乐和从事生产的建筑。而人们不在其中生产、生活的建筑则称为构筑物。房屋也称建筑物，是供人们居住、生活以及从事各种生产活动的场所。

一、建筑分类

1. 按房屋的用途分类

(1)民用建筑：又称非生产性建筑，包括公共建筑(学校、医院、车站等)；居住建筑(住宅、宿舍)。

(2)工业建筑：各类工业生产用生产车间、辅助车间、动力设施、仓库等。

(3)农业建筑：农、禽、牧、鱼等生产用房，如饲养场、农机站等。

(4)工程构筑物：指非房屋类的土建工程，如水塔、电视塔、烟囱等。

2. 按主要承重结构材料分类

(1)木结构：主要由木柱、木梁形成构架的建筑物。

(2)砖木结构：墙柱用砖砌筑，楼板、屋架用木料制作。

(3)混合结构：建筑物的墙柱用砖砌筑，楼板、楼梯、屋顶为钢筋混凝土。

(4)钢筋混凝土结构:梁、柱、楼板、楼梯、屋架、屋面板均为钢筋混凝土,墙用砖或其他材料。

(5)钢结构:承重的梁、柱、屋架用钢材,楼板用钢筋混凝土,墙用砖或其他材料。

3. 按结构形式分类

(1)混合结构体系:指同一结构体系中采用两种或两种以上不同材料组成的承重结构,包括砖混结构、内框架和底层框架结构等。

(2)框架结构体系:是指以梁柱组成整体框架作为建筑物的承重体系:目前,多层工业厂房和仓库、办公楼、旅馆、医院、学校、商场等广为采用框架结构。框架结构的合理层数,一般为6~15层,最经济的层数是10层左右。

(3)剪力墙结构体系:当前剪力墙结构体系主要有框架—剪力墙结构、剪力墙结构、框支剪力墙结构和筒式结构四大类。

二、民用建筑构造

一般民用建筑是由基础、墙或柱、楼地层、楼梯、屋顶、门窗等主要部分组成。图1-1所示为一幢住宅构造组成。

基础是房屋最下面的部分,它承受房屋的全部荷载,并把这些荷载传给下面的土层(地基)。

墙或柱是房屋的垂直承重构件,它承受楼地层和屋顶传给它的荷载,并把这些荷载传给基础,墙起承重、围护、分隔建筑空间的作用。

楼梯是房屋建筑中联系上下各层的垂直交通设施。

门是建筑物的出入口,它的作用是供人们通行,并兼有围护、分隔的作用。窗的主要作用是采光、通风、供人眺望。

房屋除上述基本组成外,还有台阶、散水、雨篷、雨水管、明沟、通风道、烟道等。

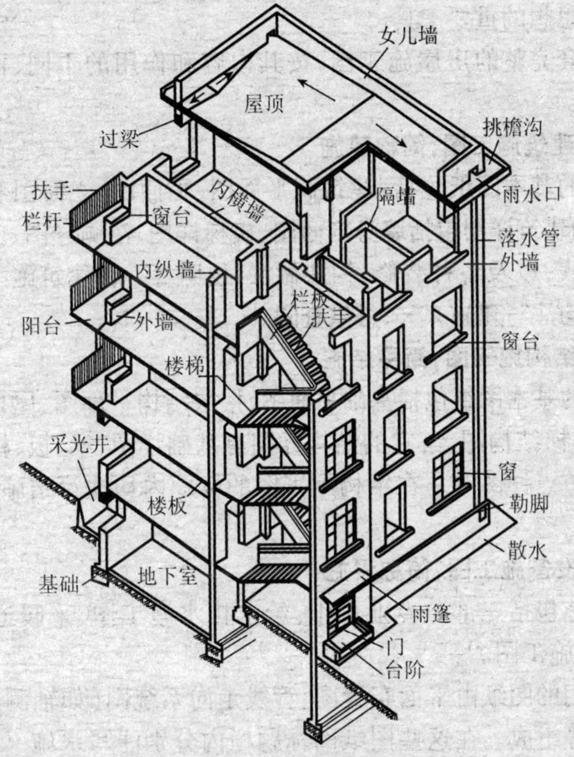

图 1－1　住宅的建筑构成

模块二　施工图的内容和用途

一、施工图的分类

建筑工程施工图是用投影的方法来表达建筑物的外形轮廓和大小尺寸，按照国家工程建设标准有关规定绘制的图样。它能准确表达出房屋的建筑、结构和设备等设计的内容和技术要求，是现代工程建设生产活动中不可缺少的技术文件，也是借以表达和交

流技术思想的重要工具。

一套完整的房屋施工图,按其内容和作用的不同,可分为三大类:

1. 建筑施工图,简称建施

它的基本图纸包括:建筑总平面图、平面图、立面图和剖面图等;它的建筑详图包括墙身剖面图、楼梯详图、浴厕详图、门窗详图及门窗表,以及各种装修、构造做法、说明等。在建筑施工图的标题栏内均注写建施××,可供查阅。

2. 结构施工图,简称结施

它的基本图纸包括基础平面图、楼层结构平面图、屋顶结构平面图、楼梯结构图等;它的结构详图有基础详图、梁、板、柱等构件详图及节点详图等。在结构施工图的标题内均注写结施××,可供查阅。

3. 设备施工图,简称设施

设施包括三部分专业图纸:给水排水施工图、采暖通风施工图、电气施工图。

它们的图纸由平面布置图、管线走向系统图(如轴测图)和设备详图等组成。在这些图纸的标题栏内分别注写水施××、暖施××、电施××,以便查阅。

二、施工图的编排顺序

一套房屋施工图的编排顺序:一般是代表全局性的图纸在前,表示局部的图纸在后;先施工的图纸在前,后施工的图纸在后;重要的图纸在前,次要的图纸在后;基本图纸在前,详图在后。整套图纸的编排顺序是:

(1)图样目录。主要说明该工程由几个工种专业图样组成,它的名称、张数和图号。

(2)总说明。主要说明工程的概况和总要求。内容包括设计依据、设计标准、施工要求等,一般门窗汇总表也列在总说明页中。

(3)总平面图。简称“总施”,表明新建建筑物所在的地理位置和周围环境。

(4)建筑施工图。简称“建施”,主要说明建筑物的总体布局、外部造型、内部布置、细部构造、装饰装修和施工要求等,其图纸主要包括总平面图、建筑平面图、建筑立面图、建筑剖面图、建筑详图等。

(5)结构施工图。简称“结施”,主要说明建筑的结构设计内容,包括结构构造类型、结构的平面布置、构件的形状、大小、材料要求等,其图纸主要有结构平面布置图、构件详图等。

(6)给水排水施工图。简称“水施”,主要表示管道布置和走向,构件做法和加工要求等。

(7)采暖通风施工图。简称“暖通施工图”,主要表示管道布置及走向,构件的构造安装要求。

(8)电气施工图。简称“电施”,主要表示照明及动力电气布置、走向和安装要求。

三、施工图图中常用符号

1. 定位轴线

(1)定位轴线是用来确定建筑物主要结构及构件位置的尺寸基准线。定位轴线用细点划线表示,端部画细实线圆,直径8～10mm。定位轴线圆的圆心应在定位轴线的延长线上或延长线的折线上。圆内注明编号,如图1－2。

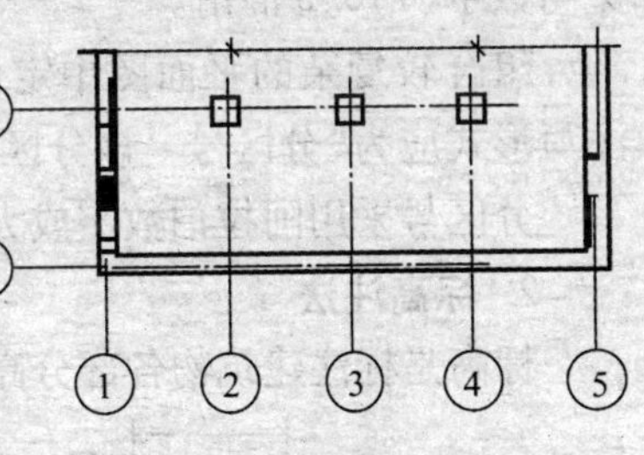

图1－2　定位轴线

定位轴线的编号:宜标注在图样的下方或左侧。

(2)横向编号应用阿拉伯数字,从左至右顺序编写。

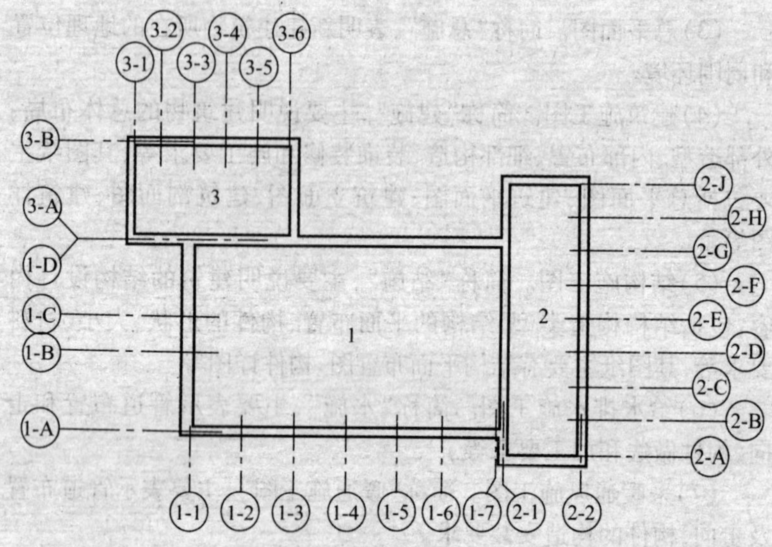

图 1－3　定位轴与线分区编号

(3)竖向编号应用大写拉丁字母,从下至上顺序编写,如图1－3。

(4)大写拉丁字母中的 I、O、Z 三个字母不得用为轴线编号,以免与数字(1)0、2 混淆。

组合较复杂的平面图中定位轴线也可采用分区编号,编号的注写形式应为"分区号－该分区编号"。

分区号采用阿拉伯数字或大写拉丁字母表示。如图 1－3。

2. 标高注法

标高是标注建筑物各部分高度的另一种尺寸形式。

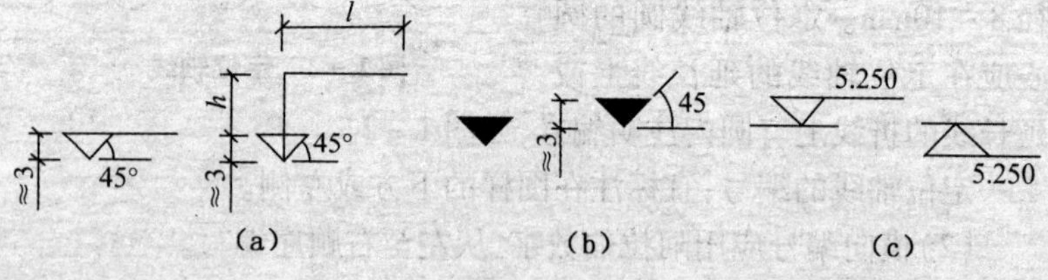

图 1－4

(a)个体建筑标高符号　(b)总平面图室外地坪标高符号　(c)标高注法

(1)个体建筑物图样上的标高符号,用细实线绘制,如图1-4(a)所示;如标注位置不够时,如图1-4(c)所示。

(2)总平面图上的室外地坪标高符号,宜涂黑表示。如图1-4(b)。

(3)标高数字应以米为单位,注写到小数点后第三位;在总平面图中,可注写到小数点后第二位。标高符号的尖端应指至被注高度的位置。尖端一般应向下,也可向上。标高数字应注写在标高符号的左侧或右侧。

(4)在图样的同一位置需表示几个不同标高时,标高数字可按图1-4(c)的形式注写。

3. **索引符号与详图符号**

(1)图样中的某一局部或构件,如需另见详图,应以索引符号(图1-5)索引,索引符号应用细实线绘制,它是由直径为10mm的圆和水平直径组成。

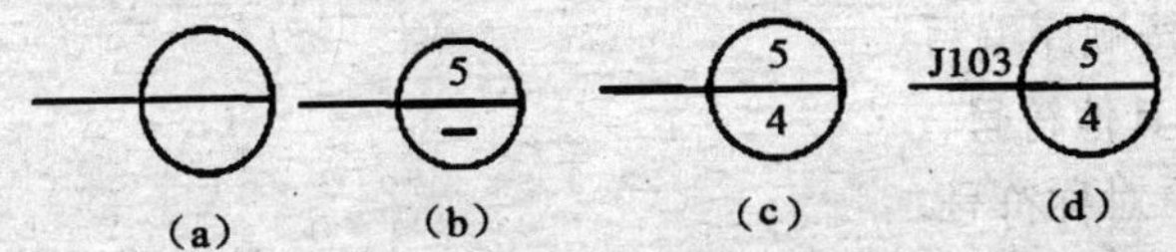

图1-5　索引符号

索引符号如用于索引剖面详图,应在被剖切的部位绘制剖切位置线,并以引出线引出索引符号,引出线所在的一侧为投射方向(图1-6)。

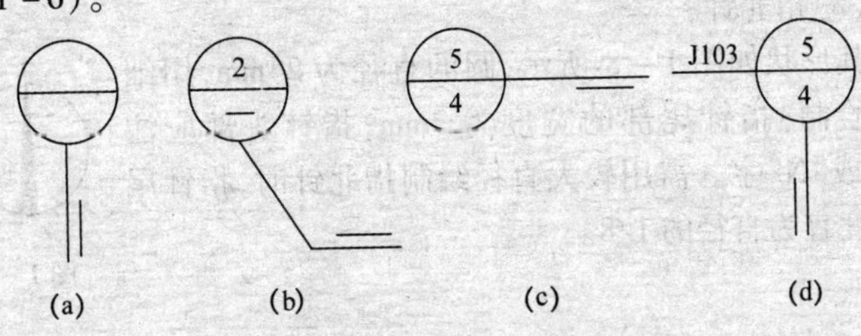

图1-6　索引剖面详图符号

(2)详图的位置和编号,应以详图符号表示(如图1－7)。

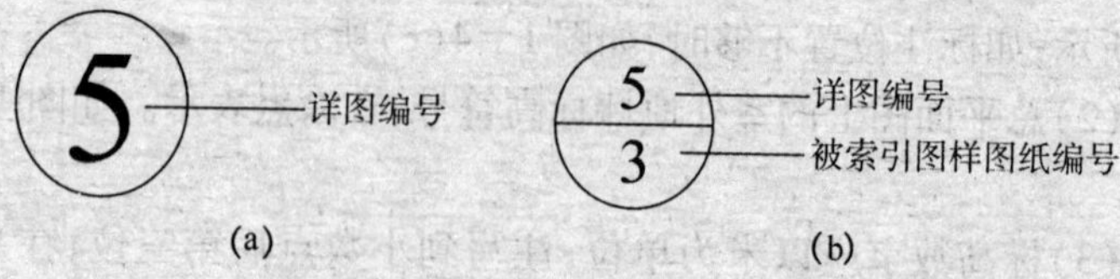

图1－7　详图符号

详图符号为一直径是14mm的粗实线圆,详图应按下列规定编号:

①详图与被索引的图样同在一张图纸内,应在详图符号内用阿拉伯数字注明详图的编号。

②详图与被索引的图样不在同一张图纸内,应用细实线在详图符号内画一水平直径,在上半圆中注明详图编号,在下半圆中注明被索引的图纸的编号零件、钢筋、杆件、设备等的编号,以直径为4～6mm(同一图样应保持一致)的细实线圆表示,其编号应用阿拉伯数字按顺序编写。

4. **其他符号**

(1)对称符号。

由对称线和两端的两对平行线组成。

对称线用细单点长画线绘制;平行线用细实线绘制,其长度为6～10mm,每对的间距为2～3mm;对称线垂直平分两对平行线,两端超出平行线宜为2～3mm。

(2)指北针。

其形状如图1－8所示,圆的直径为24mm,用细实线绘制;指针尾部的宽度为3mm,指针头部应注"北"或"N"字。需用较大直径绘制指北针时,指针尾部宽度宜为直径的1/8。

图1－8

四、施工图的阅读

(1)识读图纸的顺序是:先说明,后整体,再局部;先平面,后剖面,再构件。结构施工图应与其他工种图纸参照阅读。

(2)弄清结构平面图的含义:结构平面图一般表示水平切开后由上向下所看到的某层楼面或屋面的结构布置情况。它表达墙、柱(一般以实线表示)、梁(以虚线表示)、板和楼梯(以细实线表示)与建筑平面轴线的关系。不同结构布置的楼层一般分别绘制,完全相同的楼层可只绘一张,但应说明所代表的各楼层编号。对构件的代号和数量应搞明白。

(3)弄清剖面图的含义:结构剖面图一般表示将房屋垂直切开后由右向左所看到的结构布置情况,主要内容包括各构件的相互连接关系、标高尺寸以及各构件和轴线的关系,不同的结构布置情况有不同的剖面。对索引号应对照标准图识读。

(4)构件图表示平面剖面图上各个构件的做法,对构件的几何外形、内部材料的数量、质量、形状和放置位置做出清楚的交代。为了表达清楚往往采用编号(如钢筋)、文字说明和另绘大样图等方法。

(5)阅读图纸的主要目的是弄清设计意图,因此应反复细致研究,在弄懂的基础上对图纸的不妥或错误之处可提出意见,所提意见征得设计人员同意及主管人员批准后才能修改图纸。

模块三　图例及常用构件代号

建筑物和构筑物是按比例缩小绘制的,对于一些建筑细部、构件的外形及建筑材料等往往不能如实绘制,在图样中采用规定的图例来表示,并注上相应的代号及编号。

表 1－1　常用构件代号表

名称	代号	名称	代号	名称	代号	名称	代号
板	B	天沟板	TGB	托架	TJ	水平支承	SC
屋面板	WB	梁	L	天窗架	CJ	阳台	YT
空心板	KB	屋面梁	WL	框架	KJ	雨篷	YP
槽型板	CB	吊车梁	DL	刚架	GJ	阳台	YT
折板	ZB	圈梁	QL	支架	ZJ	梁垫	LD
密肋板	MB	天梁	GL	柱	Z	预埋件	M
楼梯板	TB	连系梁	LL	基础	J	天窗端壁	TD
盖板或沟盖板	GB	基础梁	JL	设备基础	SJ	钢筋网	W
挡雨板或檐口板	YB	天梁	TL	桩	ZH	钢筋骨架	G
吊车安全走道板	DB	檩条	LT	柱间支承	ZC		
墙板	QB	屋架	WJ	垂直支承	CC		

预应力钢筋混凝土构件代号,应在构件代号前加注“Y－”,如 Y－L 表示预应力钢筋混凝土梁。

表 1－2　常用建筑材料及建筑构配件图

名称	图例	说明	名称	图例	说明
夯实土壤			单扇门		门的名称代号用 M 表示
普通砖			单扇门		
空心砖		包括各种多孔砖	空门孔洞		
混凝土			弹簧门		
钢筋混凝土			墙上预留孔洞口		

（续）

名称	图例	说明	名称	图例	说明
木材		1. 上图为横断面，左上图为垫木、木砖、榄骨； 2. 下图为纵断面	高窗		窗的名称代号用 C 表示
金属		1. 包括各种金属； 2. 图形小时，可涂黑	入口坡道		

表 1－3 图线

虚 线		线 型	线宽	一般用途
实线	粗		b	螺栓、主钢筋线、结构平面图中的单线结构构件线、钢木支撑及系杆线、图名下横线、剖切线
	中		0.5b	结构平面图及详图中剖到或可见的墙身轮廓线、基础轮廓线，钢、木结构轮廓线，箍筋线，板钢筋线
	细		0.25b	可见的钢筋混凝土构件的轮廓线、尺寸线、标注引出线、标高符号，索引符号

（续）

虚　线		线　型	线宽	一般用途
虚线	粗		b	不可见的钢筋、螺栓线，结构平面图中的不可见的单线结构构件线及钢、木支撑线
	中		0.5b	结构平面图中的不可见构件、墙身轮廓线及钢、木构件轮廓线
	粗		0.25b	基础平面图中的管沟轮廓线、不可见的钢筋混凝土构件轮廓线
单点长划线	粗		b	柱间支撑、垂直支撑、设备基础轴线图中的中心线
	细		0.25b	定位轴线、对称线、中心线
双点长划线	粗		b	预应力钢筋线
	细		0.25b	原有结构轮廓线
折断线			0.25b	断开界线
波浪线			0.25b	断开界线

表 1－4　钢筋符号

钢筋	种类	符号
热轧钢筋	HPB235(Q235)	Φ
	HRB335(20MnSi)	Φ̲
	HRB400(20MnSiV,20MnSiNb,20MnTi)	Φ
	RRB400(K20MnSi)	Φ^{R}
钢绞线	1×3,1×7	Φ^{S}
消除应力钢丝	光 面	Φ^{P}
	螺旋肋	Φ^{H}
	刻 痕	Φ^{I}
热处理钢筋	40Si2Mn,48Si2Mn,45Si2Cr	Φ^{HT}

表 1－5　钢筋表示方法

	序号	名称	图例	说明
一般钢筋	1	钢筋断面图	•	
	2	无弯钩的钢筋端部		下图表示长短钢筋投影重叠时可在短钢筋的端部用 45°短面线表示
	3	带半圆形弯钩的钢筋的端部		
	4	带直钩的钢筋端部		
	5	带丝扣的钢筋端部		
	6	弯钩的钢筋端部		
	7	带半圆弯钩的钢筋搭接		
	8	带直钩的钢筋钢筋搭接		

模块四　结构施工图识图

一、结构设计说明

(1)主要设计依据。阐述上级机关(政府)的批文,国家有关的标准、规范等。

(2)自然条件及使用要求。即地质勘探资料,地震设防裂度,风雪荷载以及从使用方面对结构的特殊要求。

(3)施工要求。

(4)对材料的质量要求。

二、结构布置平面图

(1)基础平面布置图及基础详图。

(2)楼面结构平面布置图及节点详图。

(3)屋顶结构平面布置图及节点详图。

三、构件详图

(1)梁板柱等构件详图。

(2)楼梯结构详图。

(3)其他构件详图。

四、基础图

(1)查明基础墙的平面布置与建筑施工图中的首层平面图是否一致。

(2)结合基础平面布置图和基础详图阅读,明确墙体与轴线的位置关系,是对称轴线还是偏轴线,若是偏轴线,则注意哪边宽,哪边窄,尺寸是多大。

(3)在基础详图中查明各部位的尺寸及主要部位的标高。

(4)查明管沟的位置、大小及具体做法。

(5)查明所用的各种材料及对材料的要求。

五、现浇整体楼盖识图方法

(1)查明构件的断面尺寸、外部形状和使用部位。

(2)结合图、表了解各种钢筋的形状、数量及梁、板中的位置。

(3)校对图表中所需要的数量是否一致。

(4)从说明中了解钢筋的级别、混凝土强度等级及施工、构件要求。

(5)明确预埋铁件、预留孔洞的位置。

六、梁板配筋图实例

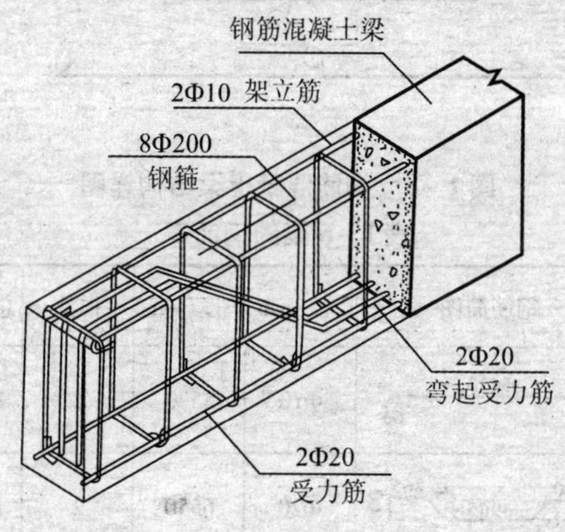

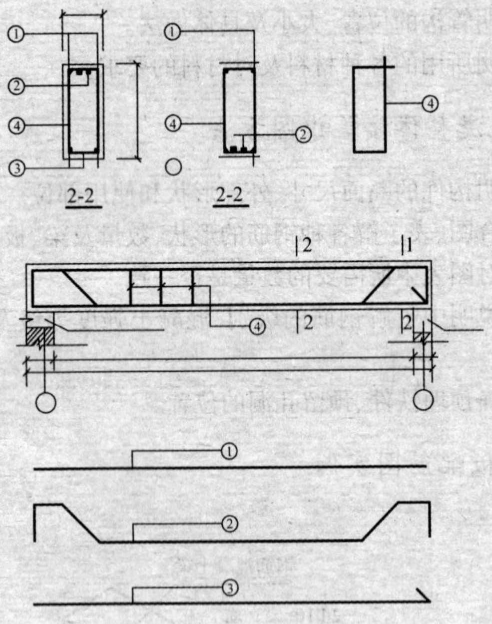

图 1－8　钢筋混凝土梁结构详图

表 1－6 梁的钢筋表

钢筋编号	构件代号	钢筋简图	直径(mm)	长度(mm)	根数	总长(m)	重量(kg)
XL－2	1	5420 65 65	Φ10	5520	2	11.100	
	2	390 400 565 3965 565 265 400	Φ20	6550	2	13.100	
	3	5420 200	Φ20	5620	2	12.240	
	4	150 75 400	Φ8	35.000	28	12.240	

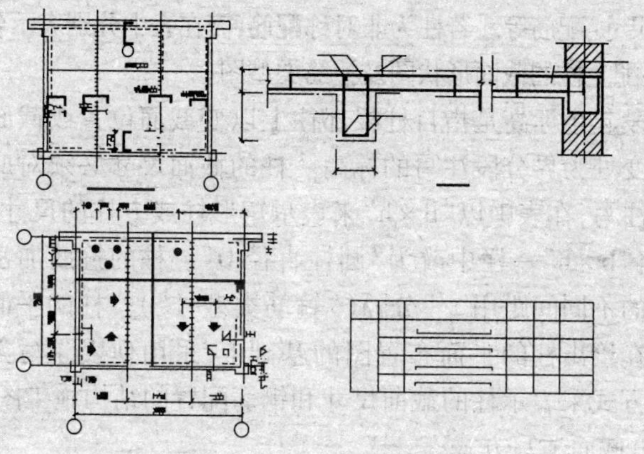

图 1-9　板配筋图

七、平法施工图

结构施工图的平面整体表示法(简称平法)是近年来我国工程设计人员对传统结构施工图表示法的重大改革。它作图简洁,表达清晰、省时省力,适用于常用的现浇柱、梁、剪力墙的结构施工图。目前已广泛应用于各设计单位和建设单位。

按平法绘制的结构施工图由平法施工图和标准构件详图组成。根据各类构件的平法制图规则,在标准层平面布置图上直接表示各构件的尺寸、配筋和选用标准构造详图。

平法施工图表示各构件的尺寸和配筋有列表注写、平面注写、截面注写 3 种方式。本节简要介绍柱和梁的平面整体表示法。

1. 柱的平面整体表示法

柱的平面整体表示法是在绘出柱的平面布置图的基础上,采用列表注写方式或截面注写方式来表示柱的截面尺寸和钢筋配置的结构施工图。

(1)列表注写方式。

以适当比例绘出柱的标准层平面布置图,包括框架柱、梁上柱等,标注出柱的轴线编号、轴线间尺寸,并将所有柱进行编号(构件代号、柱的序号),在同一编号的柱中选一根柱的截面,以轴线为界,标注出柱的截面尺寸。再列出柱表,在表中注写相应的柱编号、柱段起止标高、柱

的截面尺寸、配筋等。若柱为非对称配筋,需在表中分别表示各边的中部筋,并配上柱的截面形状图及箍筋类型图。

柱段起止标高是指自柱根部往上以变截面位置或截面未变但配筋改变处为界分段注写的标高。柱的截面尺寸必须对应于各段柱分别注写,在表中以“b×h”来表示矩形柱或方柱的尺寸,若为圆柱,则将“b×h”一栏中改为“圆柱直径 D”。柱的箍筋加密区与非加密区的不同间距用“/”分隔(“箍筋类型号”)。柱的平面整体表示法是在绘出柱的平面布置图的基础上,采用列表注写方式或截面注写方式来表示柱的截面尺寸和钢筋配置的结构施工图。

(2)截面注写方式。

柱的截面注写法是在标准层平面布置图上,在同一编号的柱中选一个截面,适当放大比例,在图原位直接注写其截面尺寸和配筋来表示柱的施工图。

在柱截面图上先标注出柱的编号,在编号后面注写其截面尺寸 b×h,角筋或全部纵筋、箍筋,包括钢筋级别、直径与间距,并标注截面与轴线的相对位置。图 1－10 中分别表示了框架柱、梁上柱的截面尺寸和配筋。图中编号 KZl 的柱所标注的“600×600”表示柱的截面尺寸,其 4Ø25 表示角筋为 4 根直径为 25mm 的 HRB335 级钢筋,(10－100/200 则表示箍筋为直径 10mm 的 HPB235 级钢筋,其间距在加密区为 100mm,非加密区为 200mm。柱的截面图的上方标注的 5Ø25,表示 b 边一侧配置的中部筋,图的左方标注的 4Ø22,表示 h 边一侧配置的中部筋。由于柱截面配筋对称,所以在柱截面图的下方和右方的标注省略。图中编号 LZl 柱的截面尺寸为 300mm×300mm,纵筋为 6 根直径为 16mm 的 HRB335 级钢筋,箍筋为直径 8mm 的 HPB235 级钢筋,其间距为 200mm。

2. 梁的平面整体表示法

梁的平面整体表示法是在梁整体平面布置图上采用平面注写方式或截面注写方式来表示梁的截面尺寸和钢筋配置的施工图。在梁的平面布置图上需将各种梁和与其相关的柱、墙、板一同采用

适当比例绘出，应用表格或其他方式注明各结构层的顶面标高、结构层高，并分别标注在柱、梁、墙的各类构件平面图中。

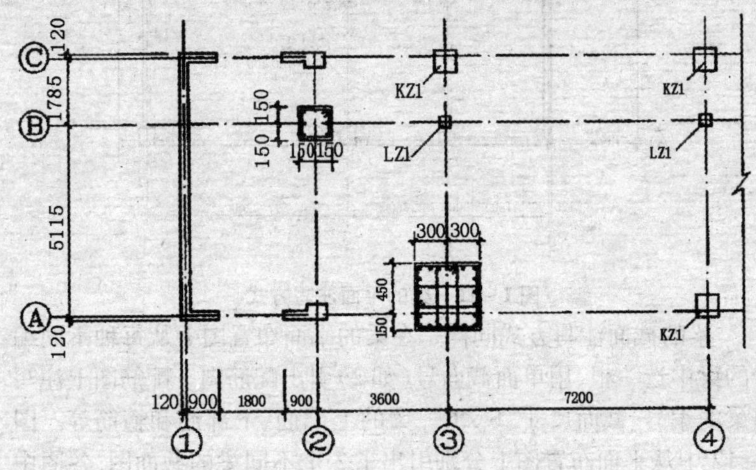

图 1－10　柱的截面注写方式

（1）平面注写方式。

梁的平面注写方式与柱相同，同样在梁的平面布置图上对所有梁进行编号（构件代号、序号、跨数等）。从每种不同编号的梁中选一根，在其上注写截面尺寸大小和配筋数量、钢筋等级及直径等。其注写方式包括集中标注与原位标注，集中标注表达梁的通用数值，原位标注表达梁的特殊数值。集中标注的方法是从某根梁引出一线段，在线段一侧表示出梁的编号、截面尺寸、主筋数量、等级、直径，箍筋间距等，梁的受力筋与架立筋用“＋”相连，且架立筋加（ ），如 4Ø22＋(2 Ø 12) 表示梁配有 4 根受力筋和 2 根架立筋。梁的上部和下部的受力筋用“:”分隔标注，如 2Ø20:3Ø25，表示梁的上部配置了 2Ø20 的钢筋，下部配置了 3 Ø25 的钢筋。原位标注是在梁的平面布置图上某梁的周围标注出其相应的尺寸与数量等。当钢筋多于一排时，用斜线“/”将各排纵筋自上而下分开。

（2）截面注写方式。

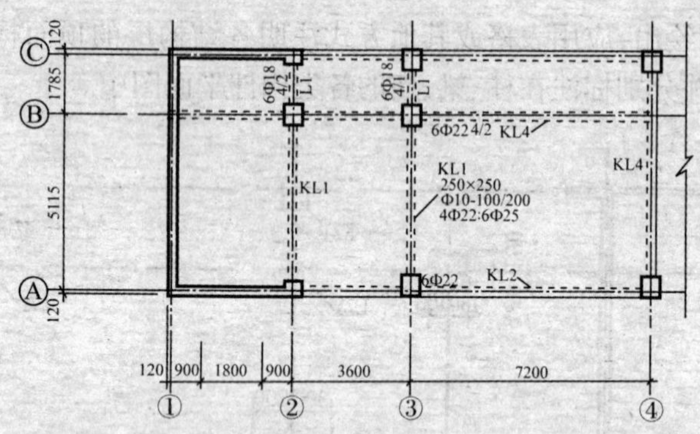

图 1－11　梁的平面注写方式

梁的截面注写方式同样是在梁的平面布置图上从每种不同编号的梁中选一根，用单面截面号（如 2）引出配筋图。配筋图上注写出梁的编号、截面尺寸“b × h”、梁的上部筋、下部筋和箍筋等。图 1－12 中从平面布置图上分别引出了 3 个不同梁的截面图，各图中表示了梁的截面尺寸和配筋情况。

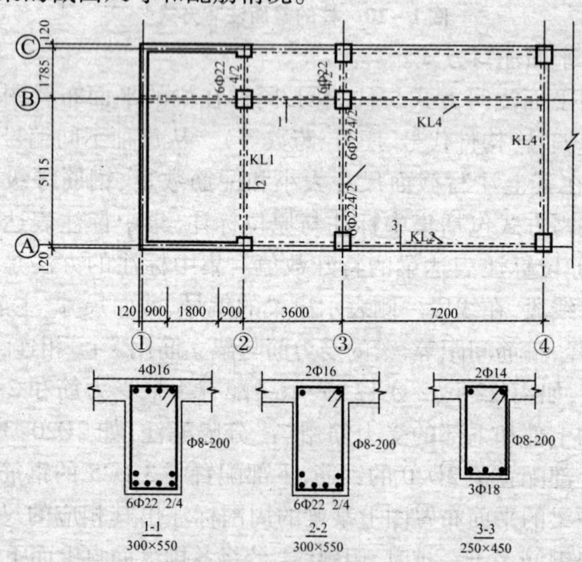

图 1－12　梁的截面注写方式

梁的截面注写方式可单独使用,也可与平面注写方式结合使用(如图 1－13)。

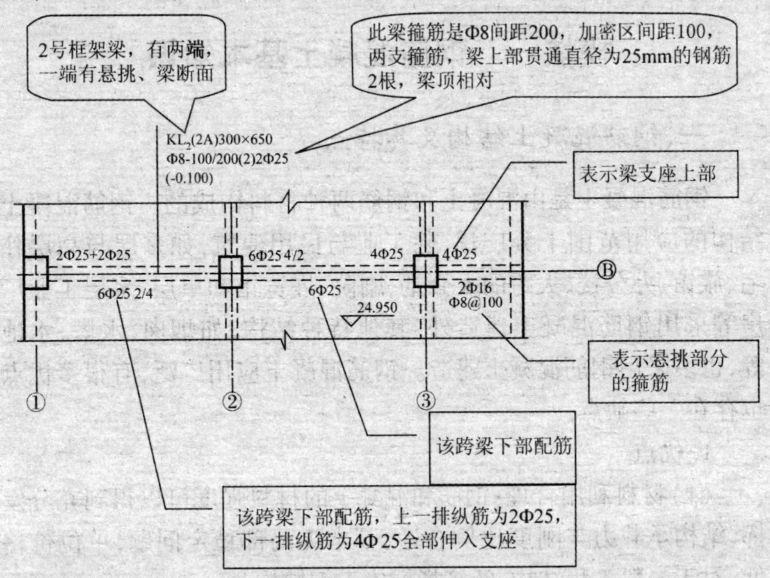

图 1－13　梁的平面注写方式

第二单元 钢筋及钢筋混凝土的基础知识

模块一 钢筋混凝土基本知识

一、钢筋混凝土结构及其特点

钢筋混凝土是由混凝土和钢筋两种材料构成的。钢筋混凝土结构的应用范围十分广泛，除工业与民用建筑，如多层与高层住宅、旅馆、办公楼、大跨的大会堂、剧院、展览馆和单层、多层工业厂房等采用钢筋混凝土建造外，其他特种结构，如烟囱、水塔、水池等，也多采用钢筋混凝土建造。钢筋混凝土应用广泛，有很多优点也存在一些缺点。

1. 优点

（1）材料利用合理：钢筋和混凝土的材料强度可以得到充分发挥，结构承载力与刚度比例合适，基本无局部稳定问题，单位价格低，对于一般工程结构，经济指标优于钢结构。

（2）可模性好：混凝土可根据需要浇筑成各种性质和尺寸，适用于各种形状复杂的结构，如空间薄壳、箱形结构等。

（3）耐久性和耐火性较好，维护费用低：钢筋有混凝土的保护层，不易产生锈蚀，而混凝土的强度随时间而增长；混凝土是不良热导体，30mm 厚混凝土保护层可耐火 2h，使钢筋不致因升温过快而丧失强度。

（4）现浇混凝土结构的整体性好，且通过合适的配筋，可获得较好的延性，适用于抗震、抗爆结构；同时防振性和防辐射性能较好，适用于防护结构。

（5）刚度大、阻力大，有利于结构的变形控制。

（6）易于就地取材：混凝土所用的大量砂、石，易于就地取材，近年来，已有利用工业废料来制造人工骨料，或作为水泥的外加成分，改善混凝土的性能。

钢筋混凝土除具有上述优点外，也还存在着一些缺点。

2. 缺点

（1）自重大：不适用于大跨、高层结构。

（2）抗裂性差：普通钢筋混凝土结构，在正常使用阶段往往带裂缝工作，环境较差（露天、沿海、化学侵蚀）时会影响耐久性；也限制了普通钢筋混凝土用于大跨结构，高强钢筋无法应用。

（3）承载力有限：在重载结构和高层建筑底部结构，构件尺寸太大，减小使用空间。施工复杂，工序多（支模、绑钢筋、浇筑、养护），工期长，施工受季节、天气的影响较大。

（4）混凝土结构一旦破坏，其修复、加固、补强比较困难。

二、钢筋的作用

钢筋按其在构件中起的作用不同通常加工成各种不同的形状。构件中常见的钢筋可分为纵向受力钢筋（主钢筋）、弯起钢筋（斜钢筋）、箍筋、架立钢筋、侧向构造筋（腰筋）、拉筋和分布钢筋几种类型（图2－1）

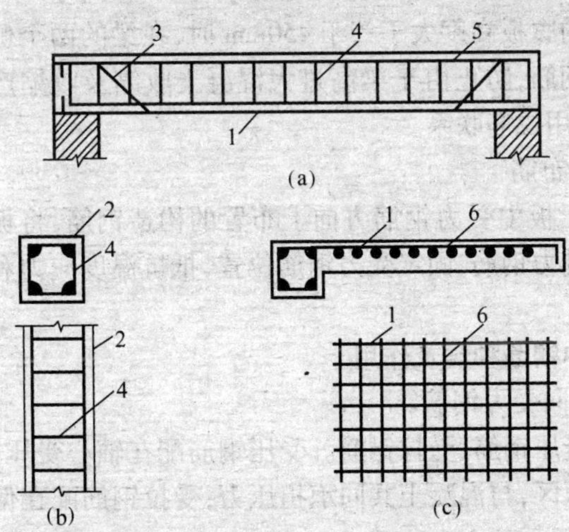

图2－1　钢筋在构件中的种类

（a）梁　（b）柱　（c）悬臂板

1. 受拉钢筋；2. 受压钢筋；3. 弯起钢筋；4. 箍筋；5. 架立钢筋；6. 分布钢筋

各种钢筋在构件中所起的作用介绍如下：

1. 梁、板中钢筋种类及作用(图2-2)

(1)纵向受力钢筋。

分为受拉钢筋、受压钢筋和受扭钢筋。受拉钢筋配在的受拉区，承受拉力；受压钢筋配受压区，与混凝土共同承担压力；受扭钢筋沿梁截面四周均匀布置，承担扭矩。

(2)弯起钢筋。

一般是梁跨中纵筋弯起到支座承担负弯矩及剪力，承担斜截面上的弯矩。

(3)架立筋。

固定箍筋，与纵筋形成钢筋骨架，保证受力钢筋位置，减小混凝土温度及收缩裂缝。

(4)箍筋。

承担剪力，与纵筋形成钢筋骨架，保证受力钢筋位置，限制斜裂缝的开展。

(5)侧向构造筋(腰筋)与拉筋。

当梁的腹板高度大于等于450mm时，在梁的两个侧面配置的纵向构造钢筋，防止由于梁高过大混凝土收缩及收缩产生的竖向裂缝，腰筋用拉筋联系。

(6)分布筋

垂直于板中受力钢筋方向上布置的构造钢筋，将板上荷载均匀传递给受力钢筋，固定受力钢筋位置，抵抗温度应力和混凝土收缩应力。

2. 柱中钢筋种类及作用

(1)纵向受力钢筋。

分为受压钢筋、受拉钢筋。受压钢筋配在轴心受压柱、偏心受压柱的受压区，与混凝土共同承担压力；受拉钢筋配在偏心受压柱的受拉区，承受拉力。

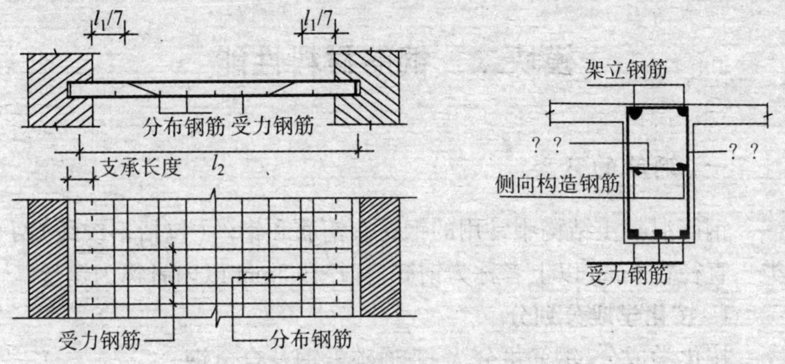

图 2－2　梁、板中的钢筋

(2)箍筋。

与纵筋形成钢筋骨架,保证受力钢筋位置,防止纵筋压屈承担剪力,限制斜裂缝的开展。

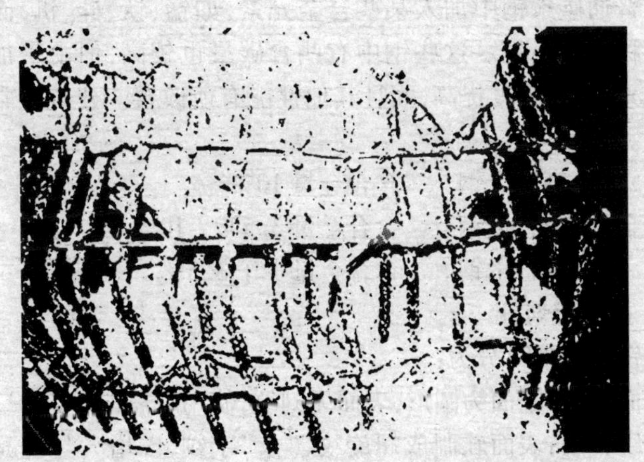

图 2－3　柱中的钢筋

模块二　钢筋材料性能

一、钢筋的分类

钢筋混凝土结构中常用的钢材有钢筋和钢丝(包括钢绞线)两类。直径在6mm以上者称为钢筋,直径在5mm以内者称为钢丝。

1. 按化学成分划分

按化学成分,钢筋可分为:普通碳素钢及合金钢。

普通碳素钢
- 高碳钢　　含碳量0.6%~1.4%
- 中碳钢　　含碳量0.25%~0.6%
- 低碳钢　　含碳量少于0.25%

随着含碳量的增加,其强度、硬度增加,但塑性、韧性减少。建筑中常用普通低碳钢。

在普通碳素钢中加入某些合金元素,如锰、钛、硅、钒,而冶炼成的钢称为合金钢。这些钢中有些含碳量也较高,但由于加入了合金元素,不但强度提高,而且其他性能有所改善。建筑上常用低合金钢。

合金钢
- 高合金钢　　含合金量10%
- 中合金钢　　含合金量3.5%~10%
- 低合金钢　　含合金量少于3.5%

2. 按外形划分

按钢筋外形可分为:

光面钢筋:断面为圆形,表面无刻纹,使用时需加弯钩。

螺纹钢筋:表面轧制成螺旋纹、"人"字纹,以增大与混凝土的粘结力。

精轧螺纹钢筋:新近开发的用作预应力钢筋的新品种,钢号为40Si2MnV。

此外,还有刻痕钢丝、压波钢线等(图2-4)。

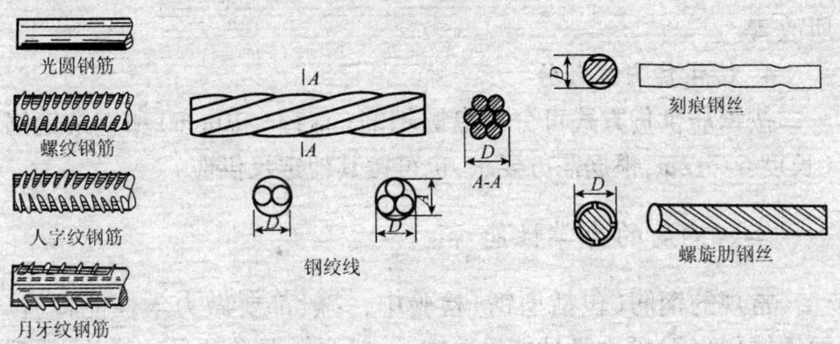

图 2-4　钢筋种类

3. **按生产工艺划分**

按钢筋生产工艺，混凝土结构使用普通钢筋是指热轧钢筋、热处理钢筋、冷加工钢筋、钢丝或钢绞线。

(1)常用热轧钢筋的分类。

HPB235　(Hot Rolled Plain Steel Bar)热轧光面钢筋　Q235

HRB335　(Hot Rolled Ribbed Steel Bar)热轧带肋钢筋　20MnSi

HRB400　(Hot Rolled Ribbed Steel Bar)热轧带肋钢筋　20MnSiV，20MnSiNb，20MnTi

RRB400　(Remained heat treatment Ribbed Steel Bar)　余热处理钢筋

(2)热轧钢筋的性能特点。

HPB235：质量稳定，塑性好易成型，但屈服强度较低，不宜用于结构中的受力钢筋；

HRB335：带肋钢筋，有利于与混凝土之间的粘结，强度和塑性均较好，是目前主要应用的钢筋品种之一；

HRB400：带肋钢筋，有利于与混凝土之间的粘结，强度和塑性均较好，是今后主要应用的钢筋品种之一；

RRB400：是 HRB335 钢筋热轧后快速冷却，利用钢筋内温度自行回火而成，淬火钢筋强度提高，但塑性降低，余热处理后塑性有

所改善。

4. **按供货方式划分**

按钢筋供货方式可分为盘圆钢筋(直径≤10mm)和直条钢筋(长度6~12m,根据需方要求,也可按其他定尺供应)。

二、钢筋的力学性能

常规的钢筋(包括型钢)检验中,一般都要做力学性能检验。而钢筋(型钢)的力学性能检验中,一般要做两个项目的检验,即钢筋(型钢)的拉伸检验和钢筋(型钢)的弯曲检两项。对于钢丝来说,做弯曲检验是无济于事的,所以钢丝一般是做反复弯曲检验来测定其塑性指标。拉伸检验中要测定钢筋(型钢)的屈服点、抗拉强度、延伸率三个指标。而弯曲检验是用弯心直径与弯曲角度来表示的,钢丝是用反复弯曲的次数来表示。这些指标国家都在相应的标准中作了明确的规定。当钢筋在加工过程中,如发现脆断、焊接性能不良或力学性能显著不正常等现象,应根据现行国家标准对该批钢筋进行化学成分检验或其他专项检验。

反映钢筋力学性能的基本指标:屈服强度、延伸率和强屈比;对于有明显屈服点钢筋,其屈服强度定义为屈服下限。强屈比为极限强度与屈服强度的比值,热轧钢筋通常在1.4~1.6之间(表2-1)。

表2-1　普通钢筋强度标准值(N/mm²)

种类		符号	d/mm	f_{yk}
热轧钢筋	HPB235(Q235)	Φ	8~20	235
	HRB335(20MnSi)	Φ	6~50	335
	HRB400(20MnSiV、20MnSiNb、20MnTi)	Φ	6~50	400
	RRB400(K20MnSi)	Φ^R	8~40	400

注:1. 热轧钢筋直径 d 系指公称直径;2. 当采用直径大于4mm的钢筋时,应有可靠的工程经验。

钢筋在拉断时的应变称为延伸率,定义为:

$\delta_{5,10} = \frac{l - l_0}{l_0}$　　l_0 为试件的标距

冷弯性能是反映钢筋变形能力的另一个指标。

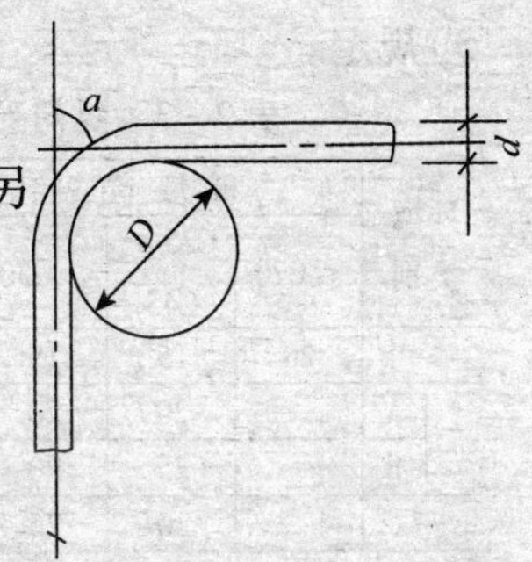

图　2－5　钢筋延伸率

模块三　有关钢筋的构造要求

一、结构环境类别及纵向受力钢筋的混凝土保护层最小厚度

混凝土结构的天环境一般分为五大类别(见表2－2)。

表2－2　混凝土结构的环境类别

环境类别		条件
		室内正常环境
一	a	室内潮湿环境:非严寒和非寒冷地区的露天环境、与无侵蚀性的水或土壤直接接触的环境
	b	严寒和寒冷地区的露天环境、与无侵蚀性的水或土壤直接接触的环境
三		使用除冰盐的环境;严寒和寒冷地区冬季水位变动的环境;滨海室外环境
四		海水环境
五		受人为或自然的侵蚀性物质影响的环境

注:严寒和寒冷地区的划分应符合国家现行标准《民用建筑热工设计规程》JGJ24 规定。

纵向受力钢筋的混凝土保护层最小厚度不小于钢筋直径(表2

-3)规定。

表 2-3　纵向受力钢筋的混凝土保护层最小厚度

环境类别		板、墙、壳			梁			柱		
		≤C20	C25～C45	≥C50	≤C20	C25～C45	≥C50	≤C20	C25～C45	≥C50
一		20	15	15	30	25	25	30	30	30
二	A	—	20	20	—	30	30	—	30	30
	B	—	25	20	—	35	30	—	35	30
三		—	30	25	—	40	35	—	40	35

注:基础中纵向受力钢筋的混凝土保护层厚度不应小于 40mm;当无垫层时不应小于 70mm。

二、钢筋的搭接与锚固

钢筋的连接可分为两类:绑扎搭接、机械连接或焊接。机械连接接头和焊接接头的类型及质量应符合国家现行有关标准的规定,受力钢筋的接头宜设置在受力较小处在同一根钢筋上宜少设接头。

机械锚固的形式及构造要求宜采用图 2-6 要求。

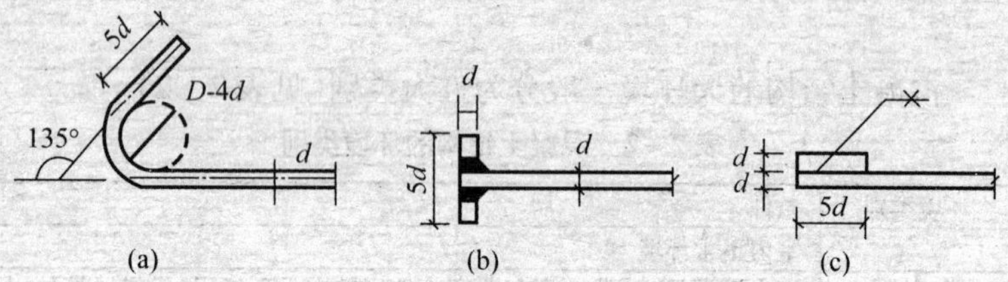

图 2-6　钢筋机械锚固的形式及构造要求

(a)末端带 135°弯钩;(b)末端与钢板穿孔塞焊;(c)末端与短钢筋双面贴焊

模块四　钢筋验收检验

钢筋进场必须按批量检查验收,钢筋进场必须持有出厂证明,应有钢种、牌号、数量、化学成分、力学性能、厂家、出厂日期等。按批进行检查验收。每批由同牌号、同炉罐号、同规格、同交货状态

的钢筋组成。对小于30t的冶炼炉和连续坯轧的钢筋，允许由同牌号、同冶炼方法、同浇注方法、不同炉号组成混合批，但每批不多于6个炉号，每炉号含碳量之差不得大于0.02%，含锰量之差不大于0.15%；检查包括外观检查和试验等。不合格的钢筋不予验收。

一、外观检查

要求钢筋表面不得有裂缝、疖疤和折叠，钢筋表面的凸块不允许超过螺纹高度，外形尺寸应符合规范规定。钢筋应平直、无损伤，表面不得有裂纹、油污、颗粒状或片状老锈。

二、钢筋试验

钢筋进场使用前，必须按规定代表数量和取样方法取样，进行力学性能复验。热轧钢筋在加工过程中发现脆断，焊接性能不良或机械性能不正常现象应进行化学成分分析或其他专项试验，检验是否符合设计及规范要求，然后决定是否使用。复验报告和出厂证明要和并装订保存。

(1)热轧带肋钢筋、热轧光圆钢筋、低碳钢热轧盘圆条、预热处理钢筋批量取样。

每批≤60T，每批取一组试样。

热轧带肋钢筋，热轧光圆钢筋、预热处理钢筋，取样时在该批中任选两根钢筋，在每根上截取两段，一个拉件、一个弯件，即二个拉件、二个弯件为一组，用铁丝捆好，并附上写明该钢筋规格的标牌。试件不允许进行车削加工。

低碳钢热轧圆盘条取样时任选两盘，去掉端头500mm，截取一个拉件，两个弯件(两个弯件分别在二盘上取)为一组，用铁丝捆好并附上写明该钢筋规格的标牌送试验室试验。

取样长度：

≥Φ20mm：1拉 = $10d+200$. 1弯 = $5d+200$ (2－1a)

<Φ20mm：1拉 = $10d+250$. 1弯 = $5d+200$ (2－1b)

以上取样试验结果，如有一项不符合要求，则从同一批中另取双倍数量的试样重做各项试验，如仍有一个试样不合格，则该批钢筋为不合格品。

(2)冷轧带肋钢筋检验。

冷轧带肋钢筋进场时，应按批进行检查验收，每批不大于50t。

钢筋的力学性能应逐盘逐捆进行检验，从每盘、每捆取两个试样，分别进行拉伸和冷弯试验。取样长度及试验结论应符合现行标准。

(3)冷拉钢筋检验。

冷拉钢筋应分批验收，每批由不大于20t的同级别、同直径的冷拉钢筋组成。做力学性能试验时，从每批中抽取两根钢筋，每根取一拉一弯两个试样，四个试样为一组分别进行拉伸和冷弯试验，依据现行规范规定，取样长度如有一项结果不合要求，应取双倍数量的试样重作各项实验，如仍有一个试样不合格，则该批冷拉钢筋为不合格品。

(4)冷拔钢丝检验。

冷拔低碳钢丝应逐盘检验。相同材料盘条冷拔成同直径的钢丝，以5t为一批。做力学性能试验时，甲级钢丝从每盘中任一端先去掉500mm，然后取一拉一弯两个试样，分别做拉力和180°反复弯曲试验，按其抗拉强度确定该盘钢丝的组别。

乙级钢丝分批取样，同一直径的钢丝5t为一批，任选3盘，每盘截取2个试样，分别做拉力和反复弯曲试验；如有一个不合格，应在未取过试样的盘中另取双倍数量试样，再做各项试验；如仍有一个试验不合格，则应对该批钢丝逐盘取样试批由同钢号、同规格和同级别的钢筋组成，重量验，合格者方可使用。试验结论依据现行规范评定。

对有抗震设防要求的框架结构，其纵向受力钢筋的强度应满足设计要求；当设计无具体要求时，检验所得的强度实测值应符合下列规定：

①钢筋的抗拉强度实测值与屈服强度实测值的比值不应小于1.25。

②钢筋的屈服强度实测值与强度标准值的比值不应大于1.30。

第三单元　钢筋的配料、代换与加工

模块一　钢筋的配料

一、钢筋下料长度的计算方法

钢筋配料是根据构件的配筋图计算构件各钢筋的直线下料长度、根数及重量，然后编制钢筋配料单，作为钢筋备料加工的依据。

钢筋配料图中注明的尺寸一般是钢筋外轮廓尺寸称外包尺寸。在钢筋加工时，一般也按外包尺寸进行验收。

1. 钢筋下料长度计算

钢筋的下料长度是指钢筋下料时的实际长度。由于钢筋加工时的弯折，钢筋端部需作弯钩以增大混凝土和钢筋的握裹力等因素的影响，钢筋的下料长度与图示尺寸并不一致。事实上，设计图中注明的钢筋尺寸一般为钢筋加工好后的外部尺寸，即外包尺寸。因此，钢筋下料长度的计算，应以外包尺寸为基准，考虑钢筋弯钩增加长度、钢筋弯曲调整值(量度差)、钢筋的锚固长度和钢筋的搭接长度，通常可按下式计算：

钢筋下料长度 = 构件图示尺寸 - 混凝土保护层厚度 + 钢筋弯钩增加长度 - 量度差(钢筋弯曲调整值) + 钢筋的锚固长度 + 钢筋的搭接长度。

(1)钢筋弯钩增加长度。

钢筋弯钩增加长度是指为增加钢筋和混凝土的握裹力，在钢筋端部作弯钩时，弯钩部分相对于钢筋平直部分外包尺寸增加的长度。对于普通纵向钢筋，钢筋弯钩有半圆弯钩、直弯钩及斜弯钩

3 种形式(图 3 -1),纵向钢筋弯钩增加长度按表 3 -1 计算。

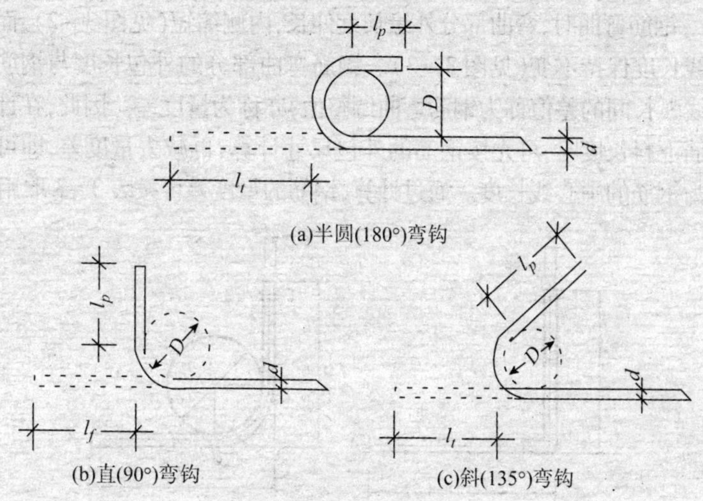

图 3 -1　钢筋弯钩形式

表 3 -1　纵向钢筋弯钩增加长度(钢筋直径 d)

钢筋类别	弯钩增加长度		
	180°	135°	90°
HPB235	6.25d	4.90d	3.50d
HRB335	无	x +2.90d	x +0.93d
备注	x 为平直段长度,按设计要求取定		

箍筋弯钩形式,结构抗震时,两个钩头一般为 135°/135°或 90°/135°;结构非抗震时为:90°/90°或 90°/180°。箍筋弯钩平直部分的长度,非抗震结构为箍筋直径的 5 倍;有抗震要求的结构为箍筋直径的 10 倍,且不小于 75mm。箍筋弯钩增加长度按表 3 -2 计算。

表 3 -2　箍筋弯钩的增加长度(钢筋直径 d)

结构有抗震要求			结构无抗震要求		
180°弯钩	135°弯钩	90°弯钩	180°弯钩	135°弯钩	90°弯钩
13.25d	11.90d	10.50d	8.25d	6.90d	5.50d

(2)量度差。

钢筋弯曲时,弯曲部分外缘长度伸长,内侧缩短(见图3-2),而中心线长度保持不变(见图3-3)。钢筋弯曲部分的外包长度与钢筋中心线弧长间的差值称为钢筋弯曲调整值,亦称为量度差。因此,在计算钢筋下料长度时,可先按钢筋的外包尺寸计算,再减去量度差,即可还原为钢筋的中心线长度。通过计算,钢筋的量度差可按表3-3取用。

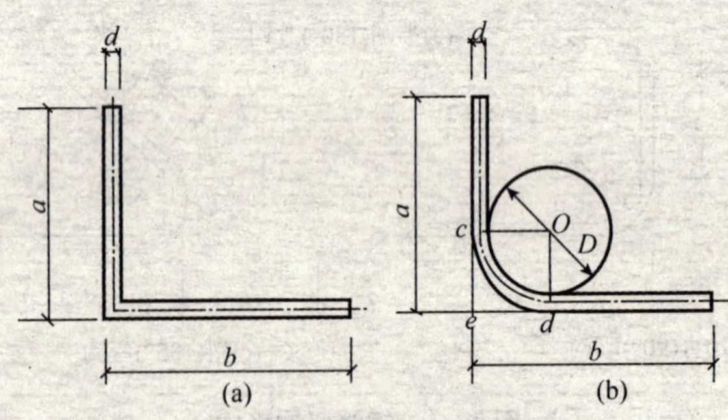

图3-2 钢筋成型理想情况与实际情况

(a)理想情况;(b)实际情况

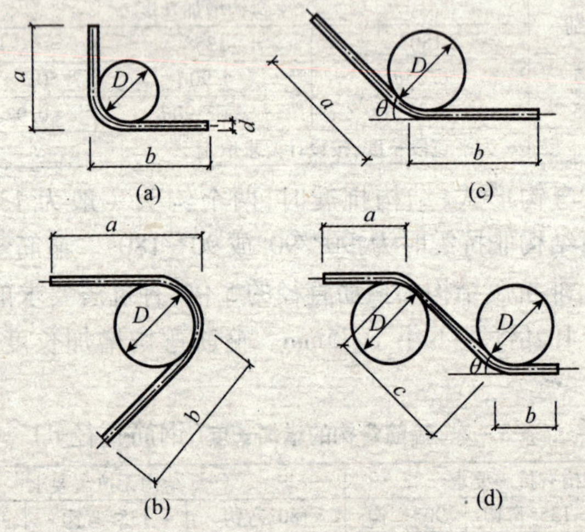

图3-3 钢筋弯曲形式

表 3 –3　钢筋量度差表(钢筋直径 d)

钢筋类别	30°	45°	60°	90°
HPB235	0. 30*d*	0. 54*d*	0. 90*d*	1. 75*d*
HPB335				2. 07*d*

(3)钢筋的锚固长度。

钢筋锚固长度是指纵向钢筋伸入混凝土支座(墙、柱、梁)内的长度,普通受拉钢筋用 l_a 表示,抗震时受拉钢筋用 l_{aE} 表示,根据规范规定,可按表 3 –4 表 3 –5 中所示数据采用。

表 3 –4　普通受拉钢筋最小锚固长度 1a(钢筋直径 d)

钢筋种类	混凝土强度等级						
	C20		C25		C30		
	d≤25	*d*>25	*d*≤25	*d*>25	*d*≤25	*d*>25	*d*≤25
HPB235	31*d*		27*d*		24*d*		
HRB335	39*d*	42*d*	34*d*	37*d*	30*d*	33*d*	27*d*

表 3 –5　纵向受拉钢筋抗震锚固彻底 I_aE(钢筋直径 d)

砼强度等级与抗震等级		C20		C25		C30		C35	
		一、二级抗震	三级抗震	一、二级抗震	三级抗震	一、二级抗震	三级抗震	一、二级抗震	三级抗震
HPB3235		36d	33d	31d	28d	27d	25d	25d	23d
HPB335	d≤25	44d	41d	38d	35d	34d	31d	31d	29d
	d>25	49d	45d	42d	39d	38d	34d	34d	31d

(4)钢筋的搭接长度。

按规范规定,钢筋的搭接长度,结构抗震时 $l_{lE}=\zeta\times l_{aE,}$ 结构非抗震时 $l_l=\zeta\times l_a$。式中搭接长度修正系数 ζ 的取值见表3 –6。

表 3 –6　纵向受拉钢筋搭接长度修正系数 ζ

纵向钢筋搭接接头面积百分率(%)	≤25	50	100
ζ	1. 2	1. 4	1. 6

2. 箍筋下料长度的简化计算

双肢箍筋的简化计算在大多数情况下，建筑结构均按抗震设计，箍筋弯钩的形式多为135°/135°。

下面以此为例，说明混凝土梁、柱双肢箍筋下料长度的简化计算方法见图3－4。

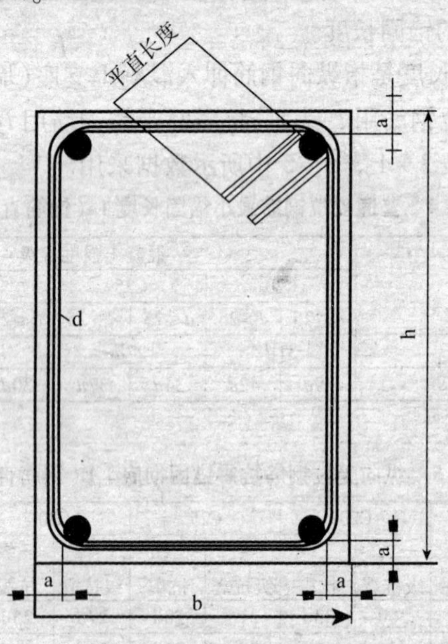

图3－4　箍筋下料长度计算示意图

按钢筋下料长度的计算公式，箍筋下料长度应为箍筋外包尺寸之和加上两个135°箍筋弯钩增加长度后，再减去3个90°的量度差即可，即箍筋下料长度 $=2\times[b-2\times(a-d)]+2\times[h-2\times(a-d)]+11.90d\times2-1.75d\times3=2\times(b+h)+26.55d-8a$ 令折算长度 $=26.55d-8a$

则箍筋下料长度的简化计算公式为：

箍筋下料长度＝混凝土构件的横截面周长＋箍筋折算长度通常情况下箍筋直径d为6.5、8、10mm，再代入混凝土保护层厚度后可得到箍筋折算长度的数值如表3－7所示。

表 3－7　135°/135°双肢箍筋拆算长度/mm

构件	环境类别和混凝土标号	箍筋直径		
		6.5	8	10
梁柱	一类环境，≥C25	－27	＋12	＋66
	其他一、二类环境	－67	－28	＋26

二、钢筋配料单的编制

钢筋配料单，是钢筋施工的核心文件。钢筋配料单，样式颇多，排列各异，格式千差万别，现在各种各样的电脑翻样软件，最终结果均体现在钢筋配料单中，钢筋工人下料成型，绑扎安装，都要依照配料单来干活。

配料单包括工程名称、分项工程名称、楼层和构件名称，这是在标题处须标明的内容。①保护层；②混凝土强度等级；③锚固长度；④构件的几何尺寸（即构件的长度、宽度、高度或者厚度），钢筋计算与下料成型，必须根据混凝土构件的几何尺寸；⑤钢筋排布范围；⑥构件数量；⑦两种根数，一个是构件经过计算之后，或者图纸上直接给出的单个构件的钢筋根数，叫做“单根数”，另一个是以单个构件所用的钢筋根数乘以构件总数，叫做“总根数”，单根数与总根数两列一前一后，保持同步，一个单根数一个总根数，两者一个都不能少；⑧钢筋的规格与直径，规格包括冷拔低碳钢丝，冷轧扭筋或冷轧带肋钢筋，热轧盘圆或直条钢筋，还有环氧树酯涂层钢筋，直径从 3mm 到 50mm 不等；⑨钢筋的间距，是钢筋排布范围的前提条件，按照图纸上的数值抄入即可；⑩钢筋的编号或称谓，这根钢筋排在第几号；⑪钢筋的形状样式和尺寸，各类钢筋形状总共有上百种之多，通用的只有十几样，大概用 8 个字可以概括为：“箍、角、担、连，腰、拉、主、吊”。箍即箍筋；角即上角筋或者上排筋，担即负弯矩筋俗称扁担筋；连即连接负弯矩筋的“架立筋”，腰即腰筋，拉即拉筋，主即下排纵筋以前通称为主筋，吊即主次梁交叉处的吊筋；⑫钢筋的弯折延伸率（钢筋弯曲伸长值）弯 45°角为 0.5d，弯直角为 2d，等等，这个数值在钢筋下料之前，按照行业标准必须得事先减除掉;⑬钢筋下料长度;⑭是钢筋的理论重量;⑮钢筋的总重量。

钢 筋 配 料 单

工程名称: 第 页

施工单位:

分项工程: 共 页

项次	构件名称	数量	钢筋编号	规格(mm)	钢筋形状(mm)	断料长度(m)	每件根数	总根数	总长(m)	总重(kg)	备注

审核: 翻样: 年 月 日

模块二 钢筋的代换

施工中如供应的钢筋品种和规格与设计图纸要求不符时,可以进行代换。

一、代换方法

钢筋代换的方法有以下 3 种:

(1)当结构构件是按强度控制时,可按强度等同原则代换,称“等强度代换”。如设计图中所用钢筋强度为 f_{y1},钢筋总面积为 A_{s1},代换后钢筋强度为 f_{y2},钢筋总面积为 A_{s2},则应使:

$f_{y2}.\ A_{s2} \geq f_{y1}.\ A_{s1}$ 即 $n_2 \geq n_1 d_1^2 f_{y1} / (d_2^2 f_{y2}.)$

(2)当构件按最小配筋率控制时,可按钢筋面积相等的原则代换,称“等面积代换”即:

$A_{s1} = A_{s2}$;式中 A_{s1} 为原设计钢筋的计算面积;A_{s2} 为拟代换钢

筋的计算面积。

(3)当结构构件按裂缝宽度或绕度控制时，钢筋的代换需进行裂缝宽度或绕度验算。代换后，还应满足构造方面的要求（如钢筋间距、最小直径、最少根数、锚固长度、对称性等）及设计中提出的特殊要求（如冲击韧性、抗腐蚀性等）。

二、代换注意事项

但代换时，必须充分了解设计意图和代换钢材的性能，严格遵守规范的各项规定。对抗裂性要求高的构件，不宜用光面钢筋代换变形钢筋；钢筋代换时不宜改变构件中的有效高度；凡属重要的结构和预应力钢筋，在代换时应征得设计单位的同意；代换后的钢筋用量不宜大于原设计用量的5%，亦不低于2%，且应满足规范规定的最小钢筋直径、根数、钢筋间距、锚固长度等要求。

三、钢筋代换实例

某现浇混凝土楼板宽6m，纵筋 HPB235 级 Φ12@120，共计50根，现拟采用(1) HRB335 级 Φ12 钢筋，(2) HRB335 级 Φ10 钢筋，求所需钢筋根数及间距：

解：(1)本题属于直径相同、强度不同的代换，

由 $n_2 \geqslant n_1 f_{y1} / f_{y2}$

则 $n_2 \geqslant 50 \times 210 / 300 = 35$ 根

间距 $s = 120 \times 50/35 = 171.4$mm 取 170mm

(2)本题属于直径不同、强度不同的代换，

由 $n_2 \geqslant n_1 d_1^2 f_{y1} / (d_2^2 f_{y2})$

则 $n_2 \geqslant 50 \times 12^2 \times 210 / (10^2 \times 300) = 50.4$ 取 $n_2 = 50$ 根

间距 $s = 120 \times 50/50 = 120$mm

模块三　钢筋加工

一、钢筋除锈

1. 除锈的作用

在自然环境中，钢筋表面接触到水和空气，就会在表面结成一层氧化铁，这就是铁锈。生锈的钢筋不能与混凝土很好粘结，从而影响钢筋与混凝土共同受力工作。若锈皮不清除干净，还会继续发展，致使混凝土受到破坏而造成钢筋混凝土结构构件承载力降低，最终混凝土结构耐久性能下降结构构件完全破坏，钢筋的防锈和除锈是钢筋工非常重要的一项工作。

在预应力混凝土构件中，对预应力钢筋的防锈和除锈要求更为严格。因为在预应力构件中，受力作用主要依靠预应力钢筋与混凝土之间的粘结能力，因此要求构件的预应力钢筋或钢丝表面的油污、锈迹全部清除干净，凡带有氧化锈皮或蜂窝状锈迹的钢丝一律不得使用。

《混凝土结构工程施工质量验收规范》GB 50204—2002 之 5. 2. 4 规定："钢筋应平直、无损伤，表面不得有裂纹、油污、颗粒状或片状老锈。"

2. 钢筋除锈的方法

除锈工作应在调直后、弯曲前进行，并应尽量利用冷拉和调直工序进行除锈。钢筋除锈的方法有多种，常用的有人工除锈、钢筋除锈机除锈和酸洗法除锈。

(1)人工除锈。

人工除锈的常用方法一般是用钢丝刷、砂盘、麻袋布等轻擦或将钢筋在砂堆上来回拉动除锈。

砂盘除锈示意图见图 3－5。

(2)机械除锈。

机械除锈有除锈机除锈和喷砂法除锈。

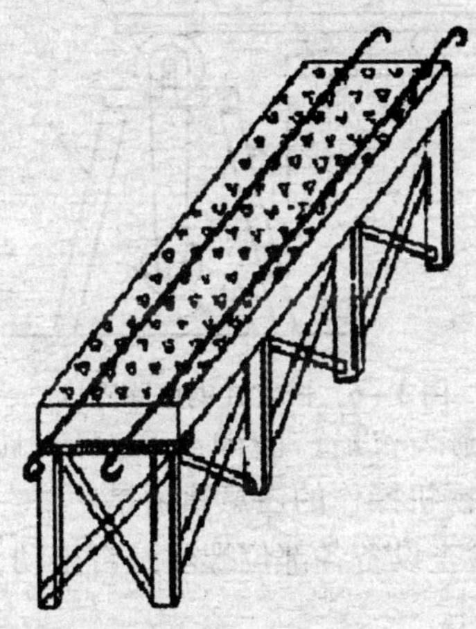

图 3－5　砂盘除锈示意图

①除锈机除锈。

对直径较细的盘条钢筋，通过冷拉和调直过程自动去锈；粗钢筋采用圆盘钢丝刷除锈机除锈。

钢筋除锈机有固定式和移动式两种，一般由钢筋加工单位自制，是由动力带动圆盘钢丝刷高速旋转，来清刷钢筋上的铁锈。

固定式钢筋除锈机一般安装一个圆盘钢丝刷，见图 3－6。为提高效率，也可将两台除锈机组合。

②喷砂法除锈。

主要是用空压机、储砂罐、喷砂管、喷头等设备，利用空压机产生的强大气流形成高压砂流除锈，适用于大量除锈工作，除锈效果好。

③酸洗法除锈。

当钢筋需要进行冷拔加工时，用酸洗法除锈。酸洗除锈是将盘圆钢筋放入硫酸或盐酸溶液中，经化学反应去除铁锈；但在酸洗除锈前通常进行机械除锈，可将酸洗时间缩短 50%，节约酸液 80% 以上。

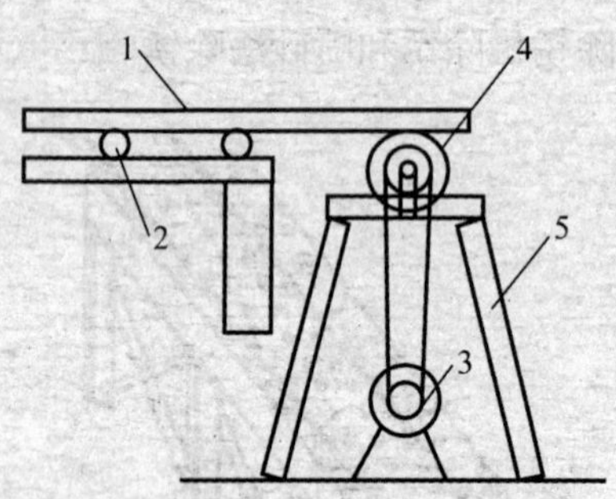

图3－6　固定式钢筋除锈机

1. 钢筋;2. 滚道;3. 电动机;4. 钢丝刷;5. 机架

3. 使用电动除锈机操作的注意事项是:

(1)操作前应检查设备各部位螺丝是否松动,电气部分绝缘是否良好。

(2)操作时应将钢筋放平握紧,钢筋和钢丝刷接触的松紧程度要适当。

(3)钢丝刷转动方向应与操作人员所站方向相对,否则容易将钢筋打出,发生事故。

(4)操作人员要将袖口扎紧,戴好口罩、手套,系好围裙、鞋盖等个人防护用品,以防锈粉侵入皮肤和呼吸道。

(5)检查电动除锈机的传动皮带和圆盘钢丝刷等转动部分是否装上防护罩。

(6)用电动除锈机除锈的钢筋,其直径一般宜在12mm以上,且基本平直后方可除锈。

(7)在除锈过程中,操作人员要随时转动钢筋。调头时,应将钢筋抬起,以防弹起伤人。

二、钢筋调直

建筑用热轧钢筋分盘圆和直条两类。直径在12mm以下的钢筋一般制成盘圆,以便于运输。盘圆钢筋在下料前,一般要经过放盘、冷拉工序,以达到调直的目的。直径在12mm以上的钢筋,一般轧制成 6～12m 长的直条。由于在运输过程中,几经装卸,会使直条钢筋造成局部弯折,为此在使用前应进行调直。

钢筋在混凝土构件中,除了规定的弯曲外,其直线段不允许有弯曲现象。有弯折的钢筋不但影响构件的受力性能,而且在下料时长度不准确,直接影响到弯曲成型和绑扎安装等一连串工序的准确性。因此,钢筋在下料前必须经过调直工序。而钢筋调直可分为人工调直和机械调直两种。

1. 人工调直

(1)粗钢筋人工调直。

直径在 12mm 以上的粗钢筋，一般采用人工调直。其操作程序是：先将钢筋弯折处放到扳柱铁板的扳柱间，用平头横口扳子将弯折处基本扳直。然后放到工作台上，用大锤将钢筋小弯处锤平。操作时需要两人配合好，一人掌握钢筋，站在工作台一端，将钢筋反复转动和来回移动，另一人掌握大锤，站在工作台的侧面，见弯就锤。掌锤者应根据钢筋粗细和弯度大小来掌握落锤轻重。握钢筋者应视钢筋在工作台上可以滚动时则认为调直合格。

(2) 细钢筋人工调直。

直径在 12mm 以下的盘圆钢筋为细钢筋。细钢筋主要采用机械调直。但在工程量小或无冷拉设备的情况下，也可采用人工调直。人工调直又分小锤敲直和绞磨拉直两种。不管哪一种都需要先放盘。前者是按需要长度截成小段在工作台上用小锤平直。后者是按一定长度截断，分别将两端夹在地锚和绞磨的夹具上，然后人工推动绞磨将钢筋拉直。这种方法简单可行。但只宜拉直 HPB235 级钢筋中的 Φ6 盘圆，且劳动强度较大，目前已不常使用。

(3) 钢丝人工调直。

冷拔低碳钢丝一般采用机械调直。但在设备困难的情况下，也可以采用蛇形管人工调直。如图 3－7 所示。蛇形管是用长一米左右的厚壁钢管弯成蛇形，钢管内径稍大于钢丝，管两端连接

喇叭状进出口，固定在支架上。需要调直的钢丝穿过固定的蛇形管，用人力牵引，即可将钢丝基本拉直。钢丝若有局部小弯再用小锤敲直。

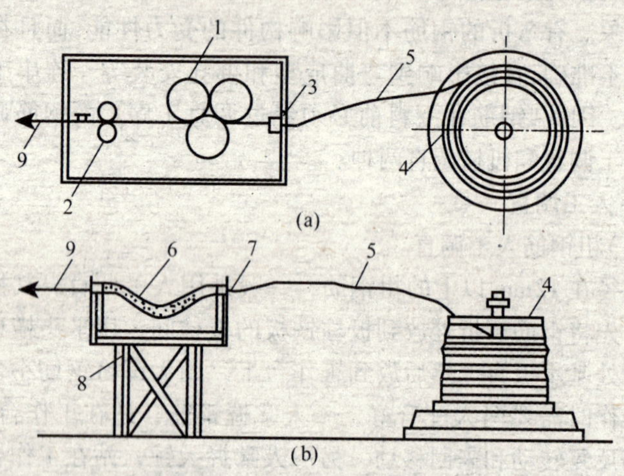

图 3－7　导轮和蛇形管调直装置

(a)导轮调直装置　(b)蛇形管调直装置

1. 辊轮；　2. 导轮；　3. 旧拔丝模；　4. 盘条架；　5. 丝钢筋或钢丝

6. 蛇形管；　7. 旧深沟球；　8. 支架；　9. 人力牵引

2. 机械调直

(1)粗钢筋机械调直。

目前粗钢筋一般还是采用人工平直。在有条件的地方,可采用大吨位冷拉设备。如卷扬机拉直法,不但可以减轻劳动强度,而且钢筋经过冷拉后,强度提高,长度增加,节约钢材。但在冷拉前,需将钢筋对焊接头,且大弯需要人工扳直,故很少采用。在没有冷拉设备的情况下,也可以采用平直锤平直。如皮带锤、弹簧锤等,但在平直前,需将钢筋的大弯用人工方法在扳柱铁板上扳直。然后在平直锤上将小弯逐个锤直。这种平直锤是利用电动机通过皮带轮变速,带动偏心轮旋转,使平直锤作上下往复运动。钢筋放在锤墩上,在锤的冲击下达到调直的目的。

(2)细钢筋机械调直。

HPB235级盘圆钢筋一般采用卷扬机拉直法。采用卷扬机拉直钢筋,可以建立一条机械化程度较高的自动生产线。如钢筋上盘、开盘、拉直、切断等工序连续作业,可减少操作人员,提高劳动生产效率,使调直、除锈、切断三道工序合并一道完成。所以,在钢筋加工中已被广泛采用。采用卷扬机拉直钢筋的操作程序是:将装在转架上的盘圆钢筋一端夹入马架上电动牵引小车的夹具内,开动牵引小车。当牵引小车行进到马架端头限位开关时,停止牵引,将钢筋切断,分别将钢筋两端夹入地锚夹具和张拉小车夹具内。然后开动卷扬机将钢筋拉直,拉伸率控制在1%范围内。对直径6~9mm的HPB235级盘圆钢筋,也可利用调直机调直。在调直机前增设阻轮装置,由电动机带动滚筒强力冷拉钢筋,再接入调直机进行加工。这样,使冷拉、除锈、调直和切断四道工序联动化,提高了劳动生产率。

(3)钢丝机械调直。

直径在5.5mm以下的冷拔低碳钢丝,采用调直机进行加工。采用调直机加工冷拔钢丝,可使除锈、调直、切断三道工序一次完成。调直机是由机座、调直装置、牵引装置、切断装置、定长机构、受料支架及电动传动机构等组成。其工作原理是:将放在盘架上的钢丝的一端穿过由电动机驱动的调直筒。筒内装五组调直块,其中三组调直块的中心孔偏离调直筒的旋转轴线。钢丝通过旋转的调直筒时,向不同方向弯曲而得以调直。牵引辊和齿轮刀具由另一电动机驱动,牵引辊拉动钢丝穿过齿轮刀具中的槽口。当其端头触及受料支架上的限位开关时,接通离合器电路,使齿轮刀具旋转120°下定长钢筋,被切断的钢丝落入托架内。受料支架上的限位开关可根据下料长度调至相应位置。

一般调直机齿轮刀具切断装置的实际下料长度误差较大。若在调直机上装一个电子控制仪,使之按给定长度将钢丝切断,并随时示出切断根数,这种调直机叫做数控电子调直切断机。工作原

理如图 3－8 所示。电子调直切断机适用于冷拔钢丝的调直切断。它要求钢丝表面光洁,断面均匀,以免钢丝移动速度不均,影响切断长度的准确性。当切断长度在 4000 毫米以内时,误差仅 1～2 毫米,可直接用于构件中的配筋,不需做第二次切断,从而收到减少材料消耗、节省工序的效果。

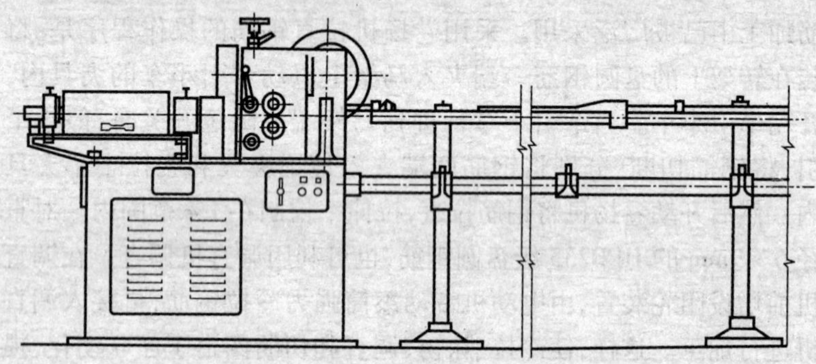

图 3－8　GT3/8 型调直机

3. 钢筋调直的具体要求

(1)对局部曲折、弯曲或成盘的钢筋应加以调直。

(2)钢筋调直普遍使用慢速卷扬机拉直和用调直机调直,在缺乏调直设备时,粗钢筋可采用弯曲机、平直锤或用卡盘、扳手、锤击矫直;细钢筋用绞盘(磨)拉直或用导轮、蛇形管调直装置来调直(图 3－7)。

(3)采用钢筋调直机调直冷拔低碳钢丝和细钢筋时,要根据钢筋的直径选用调直模和传送辊,并要恰当掌握调直模的偏移量和压紧程度。

(4)用卷扬机拉直钢筋时,应注意控制冷拉率。用调直机调直钢丝和用锤击法平直粗钢筋时,表面伤痕不应使截面面积减少 5%以上。

(5)调直后的钢筋应平直,无局部曲折;冷拔低碳钢丝表面不得有明显擦伤。应当注意:冷拔低碳钢丝经调直机调直后,其抗拉强度一般要降低 10%～15%,使用前要加强检查,按调直后的抗拉

强度选用。

(6)已调直的钢筋应按级别、直径、长短、根数分扎成若干小扎,分区堆放整齐。

4. 调直机安全操作规程

(1)机械上不准堆放物品,以防机械震动落入机体。

(2)料架、料槽应安装平直,对准导向筒、调直筒和下切刀孔的中心线。

(3)用手转动飞轮,检查传动机构和工作装置,调整间隙,紧固螺栓,确认正常后,启动空运转,检查轴承应无异响,齿轮啮合良好,待运转正常后,方可作业。

(4)按调直钢筋的直径,选用适当的调直块及传动速度。经调试合格,方可送料。

(5)在调直块未固定、防护罩未盖好前不得送料。作业中严禁打开各部防护罩及调整间隙。

(6)当钢筋送入后,手与曳轮必须保持一定距离,不得接近。

(7)送料前应将不直的料头切去,导向筒前应装一根 1m 长的钢管,钢筋必须先穿过钢管再送入调直前端的导孔内。

(8)钢筋调直到末端时,操作人员必须躲开,以防甩动伤人。

(9)短于 2m 或直径大于 9mm 的钢筋调直,应低速加工。

(10)作业后,应松开调直筒的调直块并回到原来位置,同时预压弹簧必须回位。

三、钢筋的切断

钢筋切断工序,一般在钢筋调直后进行。这样,下料准确,节省钢筋。但是,在设备缺乏和钢筋加工量不大的情况下,粗钢筋也可以先人工断料,再人工平直;细钢筋先人工放盘,尽量做到顺直,以能够丈量为原则,断料后再人工敲直。钢筋断料是钢筋加工中的关键工序。在较大的单位工程中,钢筋用量大,品种规格多。如果在断料时粗枝大叶,就会造成差错或切断长度发生误差。这不但

浪费材料，而且浪费劳力，同时延误了工期。所以，在钢筋切断工序中，不仅下料长度要准确，而且要核对配料牌上的钢筋品种、规格是否相符，以免造成浪费。

1. 钢筋断料前的准备工作

（1）核配料单和配料牌上所写的钢筋品种、规格、长度、根数是否相符。

（2）根据钢筋原材料长度，将同规格的钢筋按不同长度进行长短搭配，先断长料，后断短料，做到长材长用，短材短用，长短搭配，以减少材料的浪费。

（3）在量料时，应避免用短尺量长料，防止在丈量中产生的累计误差。在切断机和工作台固定的情况下，可在工作台上增加固定刻度尺，设置临时活动挡板，以使同一长度的钢筋断料长度保持一致。这样，不但操作方便，而且断料尺寸准确。

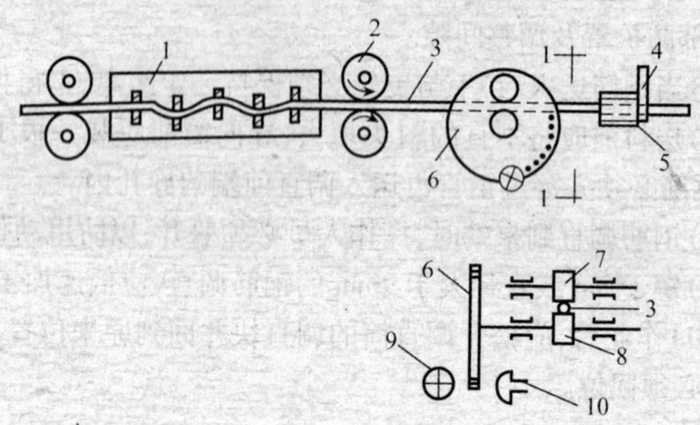

图3－9　数控钢筋调直切断机工作原理

1. 调直装置；　2. 牵引轮；　3. 钢筋；　4. 上刀口；　5. 下刀口
6. 光电盘；　7. 压轮；　8. 摩擦轮；　9. 灯泡；　10. 光电管

2. 手工断料

在设备缺乏和钢筋加工量不大的情况下，手工切断钢筋还是经常采用的。手工断料按使用工具不同可以分为：

（1）克子（踏口）断料法。克子由上下克子组成。下克插在

铁砧卡口内。断料时，将钢筋放在下克的圆槽内，上克紧靠下克，并压住钢筋，用大锤（12～16 磅）猛击上克，即可将钢筋切断。

（2）手动切断器断料法。手动切断器是由底座、固定刀口、活动刀口和手柄四部分组成的。如图 3－10 所示。固定刀口固定在切断器的底座上，活动刀口通过轴、连杆和手柄相连，以杠杆原理来切断钢筋。手动切断器只能切断直径 16mm 以下的钢筋。

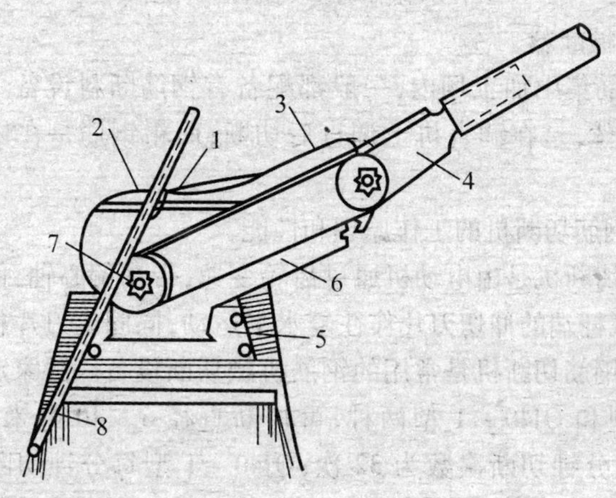

图 3－10　手动切断器

1. 固定刀口；2. 活动刀口；3. 边夹板；4. 手柄；5. 底座；6. 固定板；7. 轴；8. 钢筋

另外，还有手动液压切断器。如 SYJ－16 型切断器（图 3－11），重量较轻，可携带到工地操作；钢筋剪可断 4～8mm 直径的钢筋，断丝钳是切断钢丝的常用工具。

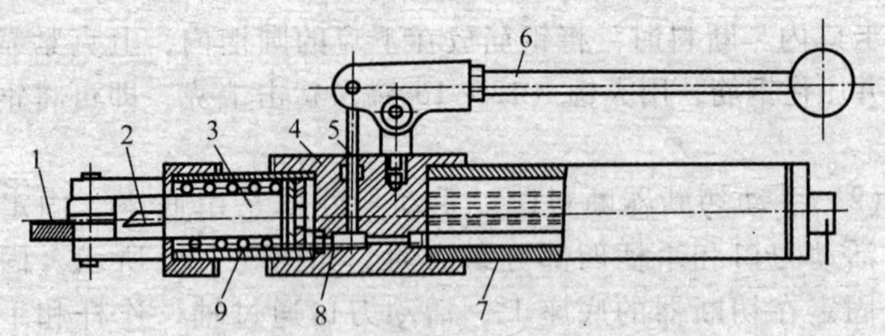

图 3-11　SYJ—16 型手动液压切断器

1. 滑轨;2. 刀片;3. 活塞;4. 缸体;5. 柱塞;
6. 压杆;7. 储油筒;8. 吸油阀;9. 回位弹簧

3. 机械断料

在钢筋集中加工场内，一般都配备有钢筋断料设备。细钢筋和冷拔钢丝，是在调直机上调直后切断；而粗钢筋是在切断机上切断。

(1)钢筋切断机的工作原理和性能。

钢筋切断机是由电动机通过齿轮变速，带动偏心轴，偏心轴推动联杆，联杆端的冲切刀片作往复水平运动，同固定刀片相遇而切断钢筋。钢筋切断机是常用的钢筋机械切断设备。国家定型产品有 QJ40 型和 QJ40-1 型两种，可切断直径 6~40 毫米的钢筋。QJ40 型每分钟切断次数为 32 次；QJ40-1 型每分钟切断次数为 25 次。

表 3-8　钢筋切断机技术性能

机械型号	切断直径/mm	外形尺寸/mm	功率/kW	重量/kg
GJ5-40	6-40	1770×685×828	7.5	950
QJ5-1	6-40	1440×600×780	5.5	450
GJ5Y-32	8-32	889×396×398	3.0	145

(2)钢筋切断机操作规程。

①接送料工作台面应和切刀下部保持水平，工作台的长度可根据加工材料长度决定。

②启动前，必须检查切刀应无裂纹，刀架螺栓紧固，防护罩牢

靠,调整好切刀间隙。

③启动后,先空运转,检查各传动部分及轴承运转正常后,方可作业。

④机械未达到正常转速时不得切料,切料时必须使用切刀的中下部位,紧握钢筋对准刀口迅速送入。

⑤不得剪切直径及强度超过机械铭牌规定的钢筋和烧红的钢筋;一次切断多根钢筋时,总截面积应在规定范围内。

⑥切断短料时,手和切刀之间的距离应保持150mm以上,否则应用套管或夹具将钢筋头压住或夹牢。

⑦运转中,严禁用手直接清除切刀附近的断头和杂物。钢筋摆动周围和切刀附近非操作人员不得停留。

⑧发现机械运转不正常,有异响或切刀歪斜等情况,应立即停机检修。

⑨作业后,用钢刷消除切刀间的杂物,进行整机清洁保养。

四、钢筋弯曲成型

钢筋弯曲分机械弯曲和手工弯曲两种。随着钢筋加工专化程度的不断提高,钢筋弯曲成型已基本上实现了机械化。但目前施工现场仍然以手工弯曲为主。钢筋弯曲成型是钢筋加工中的一道主要工序。这是件技术性很强的工作。不管是手工弯曲还是机械弯曲,如果操作技术熟练,不但效率高,而且加工的钢筋形状正确,平面上没有翘曲不平的现象,便于绑扎安装。因此,必须在实际操作中不断实践,摸索规律,提高操作技能。下面着重介绍钢筋手工弯曲的操作方法和机械弯曲的工作原理和操作要领。

1. 手工弯曲成型

手工弯曲钢筋的方法,是目前建筑工地经常采用的方法。这种方法设备简单,弯曲成型正确。但劳动强度较大,效率较低。手工弯曲技术是机械弯曲的基础,必须熟练地掌握它。

(1)工具和设备。

手工弯曲钢筋是利用扳子在工作台上进行的。扳子分手摇扳子和钢筋扳子两类。

弯曲细钢筋的工作台,台面为400cm×80cm,台高为85cm。弯曲粗钢筋的工作台,台面为800cm×80cm,台高为80cm。工作台的面板用5cm厚木板,支腿用20cm× 20cm木方拼成。它要求牢固,避免在操作过程发生晃动。

手摇扳子(图3-12,表3-9),这是弯曲细钢筋的主要工具。它由一块铁板底盘和扳柱扳手组成。操作时,要将底盘固定在工作台上。单根钢筋的手摇扳子,可弯曲直径12mm的钢筋。多根钢筋的手摇扳子,每次可弯4~8根直径为8mm以下的钢筋,主要适宜于弯制箍筋。扳子的手柄长度可根据弯制直径适当调节,底盘钢板厚6mm,扳柱直径为12~16mm。扳柱铁板由一块铁板底盘和扳柱组成,固定在工作台上,用来弯曲粗钢筋。

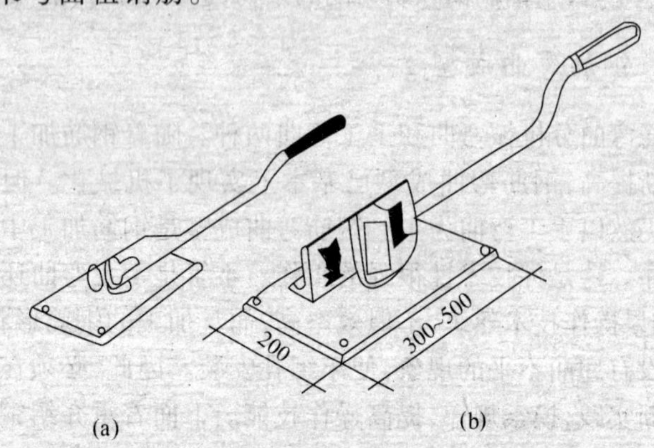

图3-12　手摇扳子

(a)弯单根钢筋的手摇扳子;(b) 弯多根钢筋的手摇扳子

表 3-9　手摇扳手主要尺寸(mm)

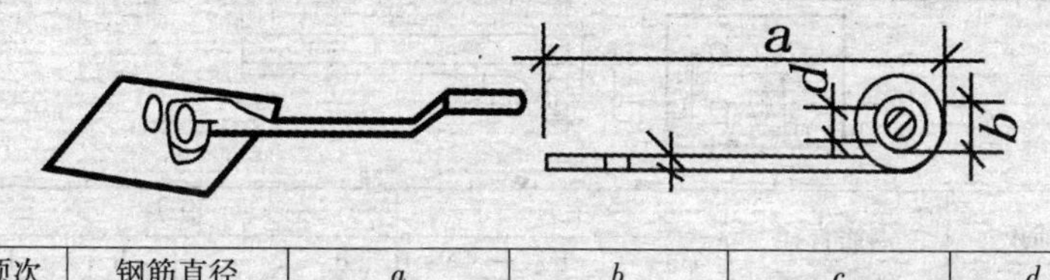

项次	钢筋直径	a	b	c	d
1	Φ6	500	18	16	16
2	Φ8 ~ Φ100	600	22	18	20

钢筋扳子(图 3-13)。钢筋扳子有横口扳子和顺口扳子两种。横口扳子又有平头和弯头之分。弯头横口扳子仅在绑扎钢筋时纠正钢筋形状或位置使用,常用的是平头横口扳子。弯制直径较大的钢筋,可在扳子柄上接上套管,这样可以省力些。扳子的扳口一般比钢筋直径大 2mm 较为合适。所以,钢筋加工场应配备各种规格扳口的扳子为 宜。

但在弯曲 28mm 直径以下的钢筋时,在后面两个扳柱上要加不同厚度的钢板套。另一种是在铁板上焊三个扳柱,成三角形,扳柱的两条斜边净距为 100mm,另一边净距为 80mm。这种扳柱不需要配备不同厚度的钢套,操作人员所站位置比较自由,是目前常用的一种形式。扳柱铁板底盘厚约 12mm,扳拄直径应根据所弯钢筋来选择,一般为 16 ~ 25mm。扳柱可用钢筋头制作,所以又叫钢筋柱。

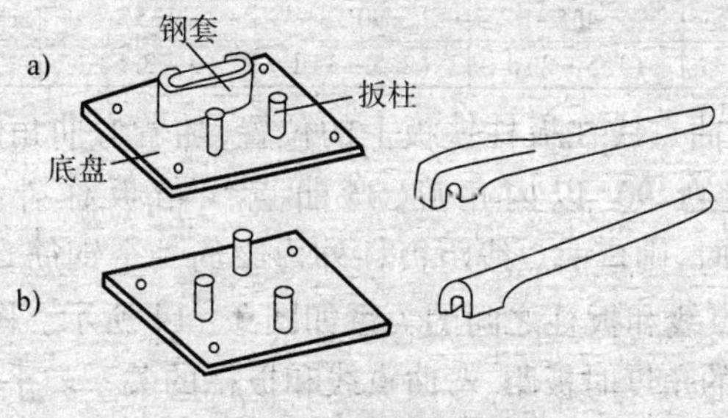

3-13　卡盘与钢筋扳子

表 3－10　卡盘与扳头（横口扳手）主要尺寸（mm）

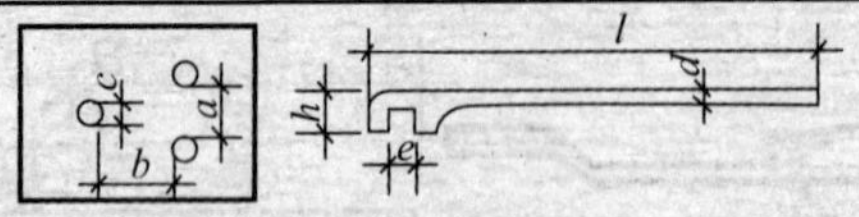

项次	钢筋直径	卡盘			扳头			
		a	b	c	d	e	h	l
1	Φ12～Φ16	50	80	20	22	18	40	1200
2	Φ18～Φ22	65	90	25	28	24	50	1350
3	Φ25～Φ32	80	100	30	38	34	76	2100

（2）钢筋弯曲操作方法。

在进行弯曲操作前，首先应熟悉弯曲钢筋的规格、形状和各部分的尺寸，以便确定弯曲步骤、准备弯曲工具。弯曲粗钢筋及形状比较复杂的细钢筋时，必须先划线，按不同的弯曲角度扣除其弯曲伸长值。弯曲细钢筋，一般可以不划线，而在工作台上按各段尺寸要求，钉上若干标志，按标志进行弯曲。在进行成批弯曲成型之前，应先试弯一根，检查是否符合设计要求，并核对钢筋划线、扳距是否合适。经调整合适后，方可成批加工，以免造成返工浪费。

为了保证钢筋弯曲形状正确，扳子端部不得碰着扳柱，扳子与扳柱之间应有适当距离。扳子与扳柱之间的距离叫扳距。扳距应按钢筋大小和弯曲角度确定。根据施工中的经验可参考表 3－11。

表 3－11　扳子与扳柱之间的距离

弯曲角度	45°	90°	135°	180°
扳距	(1.5～2)d	(2.5～3)d	(3～3.5)d	(3.5～4)d

钢筋弯曲点线在扳柱铁板上的位置，随着弯曲角度的不同而不同。一般弯 90°以内角度，弯曲点线与扳柱外边缘平，弯 135°～180°时，则弯曲点线距扳柱外边缘约一个钢筋直径的距离。扳距、弯曲点线和扳柱之间的关系如图 3－14 所示。图3－14说明弯 90°以内的角度时扳距、弯曲点线和扳柱的关系。手工弯曲直径在 12 毫米以下的钢筋时，通常采用手摇扳子在工作台上进行操作。这种扳子构造简单，使用方便，因而被广泛采用。弯粗钢筋可

在工作台上用横口扳子进行操作。几种常见形状的钢筋弯曲步骤如下：

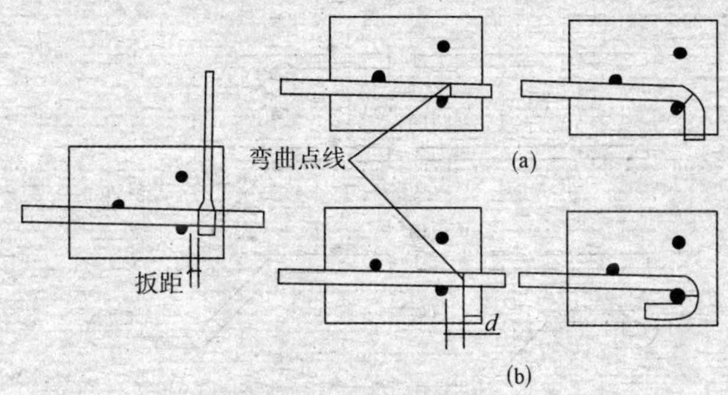

图 3－14　扳距、弯曲点线和扳柱的关系

①箍筋的弯曲成型。箍筋弯曲成型步骤，分为 5 步，见图 3－15所示。在操作前，首先要在手摇扳的左侧工作台上标出钢筋 1/2 长、箍筋长边内侧长和短边内侧长（也可标长边外侧长和短边外侧长）3 个标志。

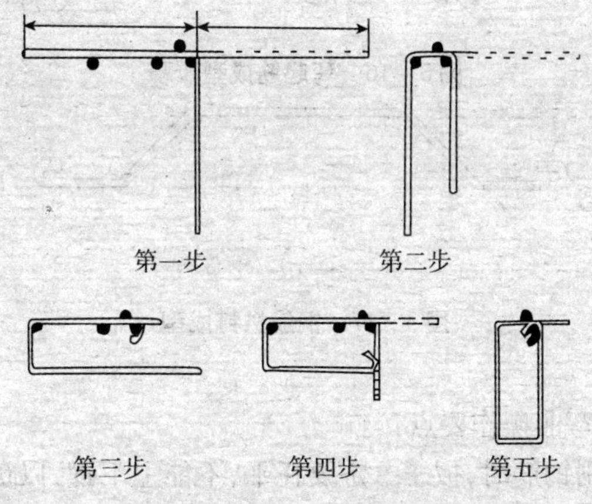

图 3－15　箍筋弯曲成型步骤

②弯起钢筋的弯曲成型。弯起钢筋的弯曲成型见图 3－16 所示，一般弯起钢筋长度较大故通常在工作台两端设置卡盘，分别在工作台两端同时完成成型工序。当钢筋的弯曲形状比较复杂时，

可预先放出实样，再用扒钉钉在工作台上，以控制各个弯转角，见图 3－17 所示。

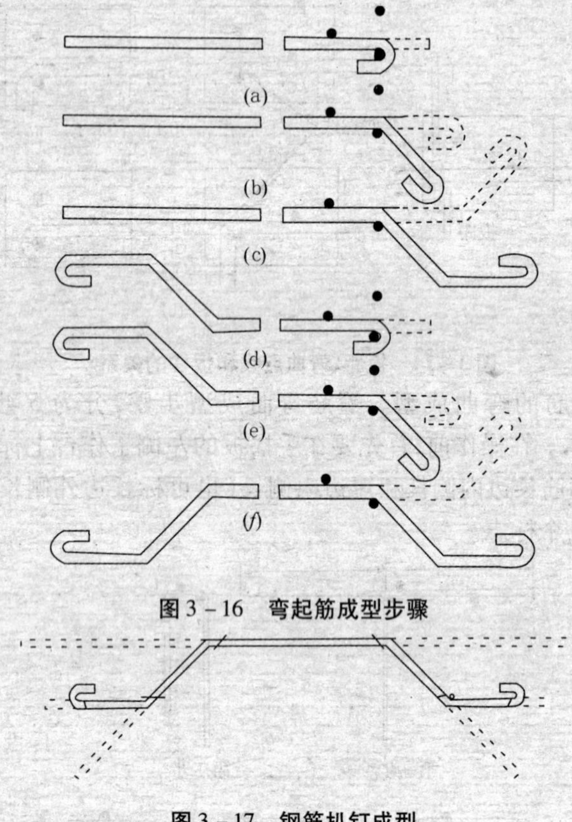

图 3－16　弯起筋成型步骤

图 3－17　钢筋扒钉成型

③手工弯曲操作要点：

(*a*)弯制钢筋时，扳子一定要托平，不能上下摆，以免弯出的钢筋产生翘曲。

(*b*)操作电动机注意放正弯曲点，搭好扳手，注意扳距，以保证弯制后的钢筋形状，尺寸准确。起弯时用力要慢，防止扳手脱落，结束时要平稳，掌握好弯曲位置，防止弯过头或弯不到位。

(c)不允许在高空或脚手扳上弯制粗钢筋,避免因弯制钢筋脱扳而造成坠落事故。

(d)在弯曲配筋密集的构件钢筋时,要严格控制钢筋各段尺寸及起弯角度,每种编号钢筋应试弯一个,安装合适后再成批生产。

2. 钢筋弯曲机安全操作规程

(1)机械安装必须注意机身应安全接地,电源不允许直接接在按钮上,应另装铁壳开关控制电源。

(2)使用前检查机件是否齐全,所选的动齿轮是否和所弯钢筋直径机转速符合。牙轮啮合间隙是否适当。固定铁锲是否紧密牢固。以及检查转盘转向是否和倒顺开关方向一致。并按规定加注润滑油脂。检查电气设备绝缘接地线有无破损、松动。并经过试运转,认为合格方可操作。

(3)操作时应将钢筋需弯的一头安稳在转盘固定镢头的间隙内,另一端紧靠机身固定镢头,用一手压紧,必须注意机身镢头确实安在挡住钢筋的一侧,方可开动机器。

(4)更换转盘上的固定镢头,应在运转停止后再更换。

(5)严禁弯曲超过机械铭牌规定直径的钢筋和吊装起重索具用的吊钩。如弯曲未经冷拉或带有锈皮的钢筋,必须带好防护镜。弯曲低合金钢等非普通钢筋时,应按机械名牌规定换算最大限制直径。

(6)变速齿轮的安装应按下列规定:

①直径在18mm以下的普通钢筋可以安装快速齿轮。

②直径在18~24mm时可用中速齿轮。

③直径在25mm以上必须使用慢速齿轮。

(7)转盘倒向时,必须在前一种转向停止后,方许倒转。拨动开关时必须在中间停止档上等候停车,不得立即拨反方向档。运转中发现卡盘颤动,电机发热超过铭牌规定,均应立即断电停车检修。

(8)弯曲钢筋的旋转半径内,和机身不设固定镢头的一侧不准

站人。弯曲的半成品应码放整齐，弯钩一般不得上翘。

(9)弯曲较长钢筋，应有专人帮扶钢筋，帮扶人员应按操作人员指挥手势进退，不得任意推送。

(10)工作完毕应将工作场所及机身清扫干净，缝坑中的积锈应用手动鼓风器(皮老虎)吹掉，禁止用手指抠挖。

五、钢筋的冷加工

钢筋的冷加工主要有钢筋冷拉和钢筋冷拔两种。

冷拉是对 *HPB*235 ~ *HRB*400 级钢筋进行强力拉伸，使之超过钢筋的屈服点。冷拔是将直径 6 ~ 10mm 的 *HPB*235 级盘圆钢筋，多次通过比钢筋直径小 0.5 ~ 1mm 的特制锥形模孔，以强力拔细而成冷拔钢丝。这两种冷加工方法，都可使钢筋变细拉长，强度提高。

1. 钢筋冷拉

钢筋经过冷拉后。屈服强度一般可提高 20% ~25%。同时钢筋通过冷拉，可以简化施工工艺，使除锈、调直、冷拉三道工序合并完成。因而提高了工效，减轻了劳动强度，节约了钢材。

(1)冷拉设备。

钢筋冷拉设备主要有卷扬机、滑轮组、滑轮回程装置、冷拉钢筋夹具、测力器、地锚，另外还有盘圆钢筋开盘装置、调节挂链、轻轨跑车和电气讯号装置等。

(2)钢筋冷拉工艺和操作方法。

由于钢筋加工场的条件不同，钢筋冷拉工艺布置亦略有不同。但冷拉操作程序却是一样的。以盘圆钢筋冷拉为例，需要经过上盘、开盘、断料、夹紧夹具、张拉、放松夹具等几道工序。钢筋冷拉工艺布置如图 3 - 18 所示。

钢筋冷拉分单控制冷拉和双控制冷拉。单控制冷拉只控制钢筋的伸长率即冷拉率，双控制冷拉既控制钢筋的冷拉率，又控制钢筋的冷拉应力。这两项指标称为钢筋的冷拉参数，不同钢筋种类的冷拉参数按照国家相关规定执行。

(3)冷拉钢筋的质量要求。

①冷拉钢筋的外观检查,不得有裂纹、鳞落或断裂现象。

②冷拉钢筋的机械性能应符合规定。

③冷拉钢筋应分批取样检验。当直径在12mm或小于12mm时,每批数量不应大于10t;直径为14mm以上时,以20吨为一个取样单位,不足一个取样单位,按一个取样单位取样;每个取样单位取两组试样,每组试样,一根作拉力试验一根作弯曲试验。如有一项试验结果不符合要求,则另取两倍数量的试件重做试验。如果仍有一根试件不合格,则该批钢筋列为不合格品。

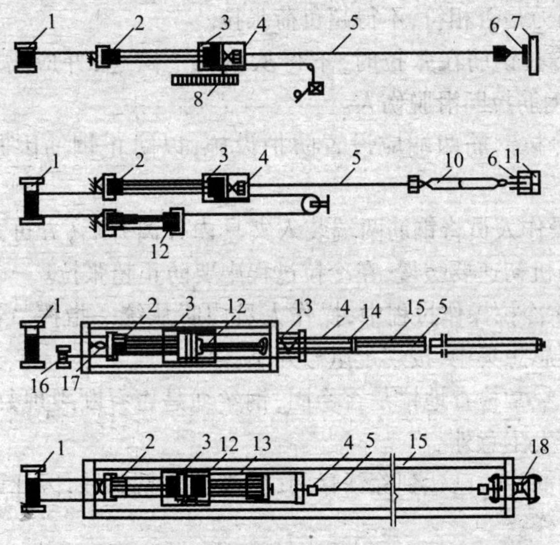

图3-18　卷扬机冷拉钢筋设备工艺布置示意图

1. 卷扬机;2. 滑轮组;3. 冷拉小车;4. 钢筋夹具;5. 钢筋;6. 地锚;7. 防护壁;8. 标尺;9. 回程荷重架;10. 连接杆;11. 弹簧测力器;12. 回程滑轮组;13. 传力架;14. 钢压柱;15. 槽式台座;16. 回程卷扬机;17. 电子秤;18. 液压千斤顶

(4)冷拉钢筋的使用范围及规定。

①冷拉*HPB*235级钢筋适用于钢筋混凝土结构中的受力钢筋。

②冷拉 *HRB*335 ~ *HRB*500 级钢筋可作为预应力混凝土中的预应力钢筋。

③承受冲击荷载的设备基础不得使用冷拉钢筋。

④ *HPB*235 级钢筋冷拉的直径在 6 ~ 12mm，大于 12mm 的 *HPB*235 级钢筋冷拉后，不得利用冷拉后提高的强度。

⑤在低于 -30℃的负温下，不得使用冷拉 *HRB*500 级钢筋。

(5)冷拉钢筋的安全要求和注意事项。

①电动卷扬机和电气设备必须可靠接地，动力线应从地下通过或离地面 5m 以上，电源开关应设木箱加锁保护。

②冷拉前应检查冷拉设备是否正常。冷拉设备能力和钢筋的冷拉控制力是否相符，不得超负荷张拉。

③ 冷拉钢筋在张拉时，不得从钢筋上跨越，并应离开 3m 以外，以免钢筋拉断滑脱伤人。

④ 冷拉钢筋两端应设置防护设施，以防止钢筋因断裂回弹伤人。

⑤ 操作人员将钢筋两端装入夹具内并离开后，方可开动卷扬机。卷扬机初速要缓慢，在冷拉过程中要防止超张拉。

⑥ 在冷拉操作过程中，操作人员应听从统一指挥。卷扬机操作人员要思想集中，按规定讯号开车、停车。

⑦要经常检查地锚是否稳固，钢丝绳是否有断裂现象，以防张拉过程中发生意外。

⑧钢筋冷拉已达到除锈目的，但表面容易锈蚀，因此要特别注意防锈工作。

2. 钢筋冷拔

钢筋冷拔是节约钢材的有效措施。使用冷拔低碳钢丝一般可节省钢筋 30% 左右。因此，钢筋冷拔被认为是最有经济价值的冷加工方法。

冷拔钢丝是将直径为 6 ~ 10mm 的 *HPB*235 级盘圆钢筋，多次通过比原钢筋直径小 0.5 ~ 1mm 的锥形模孔，以强力拉拔而成的。

钢丝直径有5mm、4mm、3mm等数种。按照其强度可以分为甲级和乙级两种。甲级用于中小型预应力构件的主筋；乙级用于焊接网、焊接骨架、箍筋和构造钢筋。目前冷拔钢丝一般不在工地加工，而有专门加工厂生产。

(1)冷拔工艺与操作。

钢筋冷拔是通过拔丝机进行的。拔丝机有链条式和卷筒式两种，一般常采用卷筒式拔丝机。冷拔需经过除锈、轧头、拔丝三道工序。

① 除锈。盘圆钢筋表面，一般会有一层氧化铁锈皮，质地坚硬，容易使拔丝模孔受损，并会使钢筋在拔丝时产生沟痕或断裂。因此，盘圆钢筋在冷拔前，应先采用电动阻轮或与钢筋直径相同的旧拔丝模初步除锈。钢筋经过初步除锈后，还需进行酸洗，清除余锈。酸洗时，将钢筋浸入稀释的盐酸中，浸泡约20分钟。取出后用清水冲洗，去掉酸液，再泡在石灰肥皂水中，使残留在钢筋中的酸液中和，并使钢筋表面润滑，以利拔丝。

②轧头。将除过锈的盘圆钢筋放在转架上，其一端放入轧头机的压辊中间轧细，使端部便于穿过拔丝模孔。

③拔丝。将拔丝模安装在拔丝机固定架上，把已轧细的钢筋头穿过拔丝模孔，在拔丝壳内通上冷却水后即可进行拔丝工作。

(2)冷拔低碳钢丝的质量要求。

①冷拔低碳钢丝的机械性能应符合要求，冷弯试验后不应出现裂纹、鳞落或断裂现象。

②冷拔低碳钢丝的直径应符合要求。在拔丝过程中应经常检查拔丝直径，如误差过大，应及时调换拔丝模具。

③冷拔低碳钢丝应分批检查验收，以5吨为一批，每批中取5%，但不少于五盘作外观检查。合格后，任选三盘，在每盘上截取一套试样，每套两根，一根做拉力试验，一根做反复弯曲次数试验。如有一根不合格，则另取两倍试件重做试验。如再有一根不合格，则该批钢丝需要逐盘截取试样，分别做拉力和弯曲试验，合格后方

可使用。

④若将冷拔低碳钢丝作预应力钢筋时,应逐盘进行抗拉强度、伸长率和弯曲试验,以决定冷拔低碳钢丝的等级。

(3)冷拔操作注意事项。

①开始拔丝的速度要慢,逐渐加快至规定速度。在操作中要注意设备各部分及时加油润滑。

②放置拔丝模具时,要注意模孔的正反面,要使钢筋轧头从模子大孔一面穿进,从小孔一面拉出。如果放反,就会损坏拔丝模孔。在拔丝中应对拔丝座及时加润滑剂。

③操作时,应精神集中,经常检查,防止钢筋突然发生断裂。拔到最后,要防止钢筋末端回弹伤人。

④钢筋经过冷拔后,温度升高 100~200°C,操作时,要戴好帆布手套,避免烫伤皮肤。

⑤在操作过程中,若发现有异常情况,应停机检查修理。拔丝模孔如有损坏或磨损严重,要按时更换。

第四单元　钢筋的连接

模块一　钢筋焊接

钢筋连接有四种常用的连接方法:绑轧连接、焊接连接、冷压连接和螺旋连接。除个别情况(如不准出现明火)应尽量采用焊接连接,以保证质量、提高效率和节约钢材。钢筋焊接分为压焊和熔焊两种形式。压焊包括闪光对焊、电阻点焊和气压焊;熔焊包括电弧焊和电渣压力焊。此外,钢筋与预埋件 T 形接头的焊接应采用埋弧压力焊等。钢筋的焊接质量与钢材的可焊性、焊接工艺有关。可焊性与含碳量、合金元素的数量有关,含碳、锰数量增加,则可焊性差;而含适量的钛可改善可焊性。焊接工艺(焊接参数与操作水平)亦影响焊接质量,即使可焊性差的钢材,若焊接工艺合宜,亦可获得良好的焊接质量。当环境温度低于 -5℃,即为钢筋低温焊接,此时应调整焊接工艺参数,使焊缝和热影响区缓慢冷却。风力超过 4 级时,应有挡风措施。环境温度低于 -20℃ 时不得进行焊接。

各种焊接方法的适用范围,见表 4-1。

一、钢筋电阻点焊

电阻点焊将两钢筋安放成交叉叠接形式,压紧于两电极之间,利用电阻热熔化母材金属,加压形成焊点的一种压焊方法。电阻点焊的工作原理是,当钢筋交叉点焊时,接触点只有一点,且接触电阻较大,在接触的瞬间,电流产生的全部热量都集中在一点上,因而使金属受热而熔化,同时在电极加压下使焊点金属得到焊合,原理如图 4－1 所示。

表 4－1　钢筋焊接方法的适用范围

焊接方法	接头型式	适用范围 钢筋牌号	 钢筋直径（*mm*）
电阻点焊		*HPH*235 *HRB*335 *HRB*400 *CRB*550	8～16 6～16 6～16 4～12
闪光对焊		*HPH*235 *HRB*335 *HRB*400 *RRB*400 *HRB*500 *Q*235	8～20 6～40 6～40 10～32 10～40 6～14
电弧焊　帮条焊　双面焊		*HPH*235 *HRB*335 *HRB*400 *RRB*400 *RRB*400	10～20 10～40 10～40 10～25
电弧焊　帮条焊　单面焊		*HPH*235 *HRB*335 *HRB*400 *RRB*400 *RRB*400	10～20 10～40 10～40 10～25

二、钢筋闪光对焊

钢筋闪光对焊是将两钢筋安放成对接形式，利用电阻热使接触点金属熔化，产生强烈飞溅，形成闪光，迅速施加顶锻力完成的一种压焊方法。

闪光对焊是目前建筑工程中大量采用的接头焊接方法，它具有成本低、质量好、效率高的优点，常用于钢筋接长及预应力钢筋与螺丝端杆的焊接。

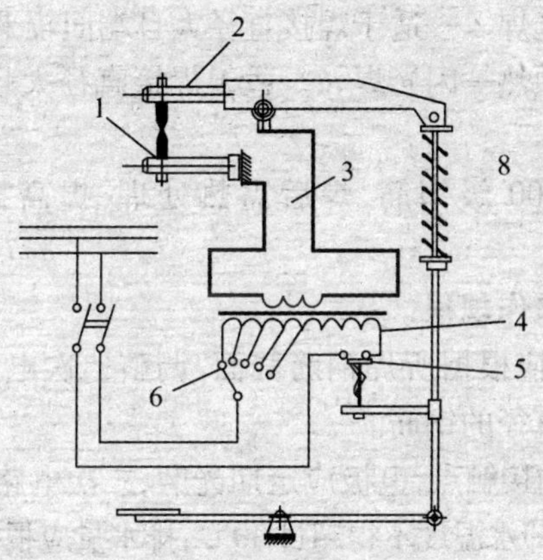

图 4-1 点焊机工作原理

1. 电极;2. 电极臂;3. 变压器的次级线圈;4. 变压器的初级线圈;
5. 断路器;6. 变压器的调节开关;7. 踏板;8. 压紧机构

1. 原理

通电后,两钢筋轻微接触,通过低电压的强电流,产生高温,熔化后顶锻,形成镦粗结点。

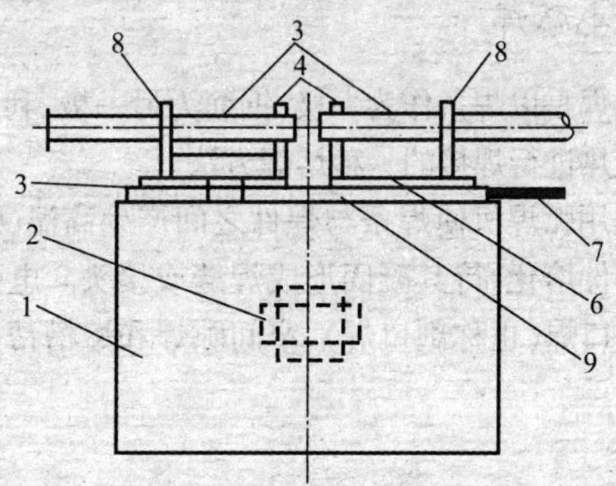

图 4-2 闪光对焊机

1. 机架;2. 变压器;3. 钢筋;4. 夹紧机构;
5. 固定座板;6. 动板;7. 送进机构;8. 顶座;9. 导轨

2. 工艺

①连续闪光焊——适于焊接直径 $<25mm$ 的钢筋;

②预热闪光焊——适于焊接直径大且端面较平的钢筋；

③闪光—预热—闪光焊——适于焊接直径大且端面不平整的钢筋；

④对 *HRB*500 级钢筋，焊后需热处理，提高接头塑性，防止脆断。

3. 对焊机操作规程

①焊接前，应根据所焊钢筋截面，调整二次电压，不得焊接超过对焊机规定直径的钢筋。

②断路器的接触点，电极应定期光磨，二次电路全部连接，螺丝应定期紧固，冷却水温度不得超过 40℃，排水量应根据温度调节。

③焊接较长钢筋时，应设置托架，配合搬运钢筋的操作人员，在焊接时应注意防止火花溅伤。

④闪光区应设挡板，焊接时无关人员不得入内。

⑤冬季施工时，温度不得低于 8℃，作业后，应放尽机内冷却水。

⑥作业后，应切断电源，锁好电闸箱。

三、钢筋电弧焊

钢筋电弧焊是以焊条作为一极，钢筋为另一极，利用焊接电流通过产生的电弧热进行焊接的一种熔焊方法。

电弧焊是用弧焊机使焊条与焊件之间产生高温，焊条和电弧燃烧范围内的焊件熔化，待其凝固形成焊缝或接头。电弧焊包括帮条焊、搭接焊、坡口焊(也称剖口焊)、窄间隙焊和熔槽帮条焊五种接头形式。

1. 原理

利用弧焊机使焊条与焊件之间产生高温电弧，熔化焊条及电弧范围内的焊件金属，凝固后形成焊缝或接头。

2. 四种接头形式与要求

①搭接焊(图 4－3)：用于直径 10*mm* 以上的 *HPB*235～*HRB*400 及 10～25*mm* 的 *RRB*400 级钢筋。焊缝要求：无裂纹、气

孔、夹渣、烧伤。

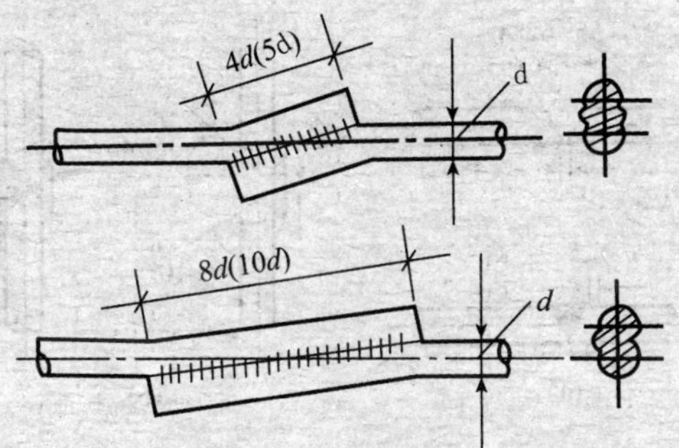

图 4－3　搭接焊接头

②帮条焊(图 4－4):用于直径 10*mm* 以上的 *HPB*235～*HRB*400 及 10～25*mm* 的 *RRB*400 级钢筋(同搭接焊)。

帮条要求:两帮条相同;帮条长＝焊缝长。

帮条级别或直径:级别同主筋时,直径可同主筋或小一规格;直径同主筋时,级别可同主筋或低一级。

焊缝要求:同搭接焊。

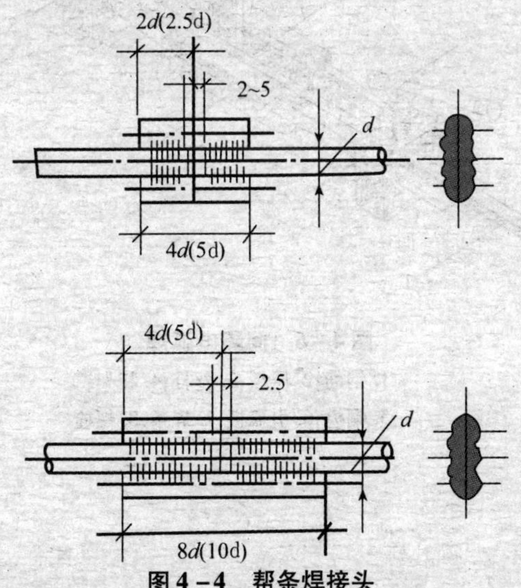

图 4－4　帮条焊接头

③坡口焊(图4－5):有平焊和立焊,较少用。

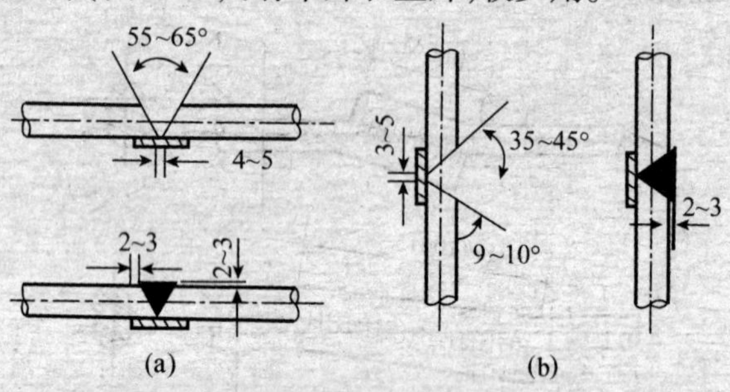

图4－5　坡口焊接头

④钢筋窄间隙电弧焊(图4－6、4－7):将两钢筋安放成水平对接形式,并置于铜模内,中间留有少量间隙,用焊条从接头根部引弧,连续向上焊接完成的一种电弧焊方法。

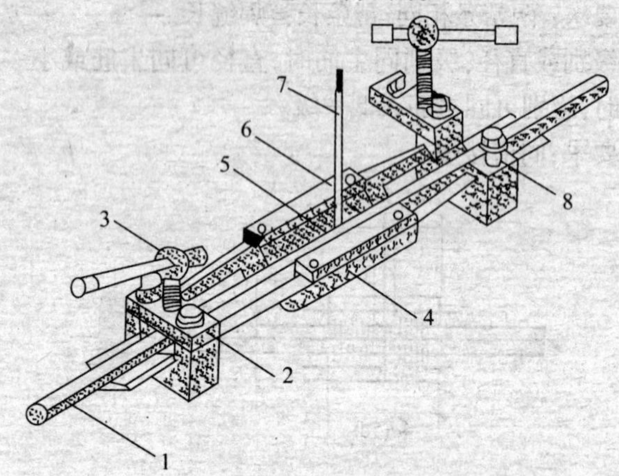

图4－6　间隙电弧焊

1. 钢筋;2. 压板;3. 丝杠;4. 托架;
5. 铜模;6. 引孤板;7. 焊条;8. 螺栓

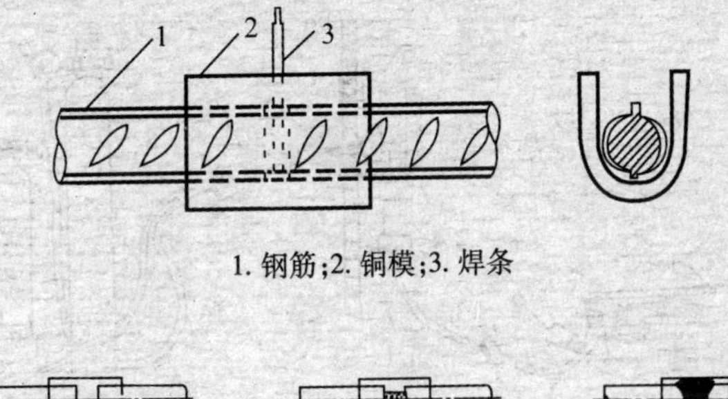

1. 钢筋;2. 铜模;3. 焊条

(a) (b) (c)

图4－7 水平钢筋窄间隙焊工艺过程

⑤熔槽帮条焊:钢筋熔槽帮条焊接头(图4－8)适用于直径等于和大于20*mm*钢筋的现场安装焊接。焊接时,应加边长为40～60*mm*的角钢作垫板模。此角钢除作垫板模用外,还起帮条作用。

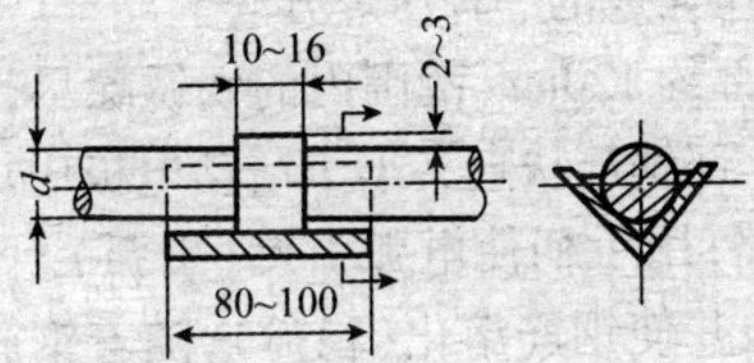

图4－8 熔槽帮条焊接头

四、气压焊

钢筋气压焊。采用氧乙炔火焰或其他火焰对两钢筋对接处加热,使其达到塑性状态(固态)或熔化状态(熔态)后,加压完成的一种压焊方法。

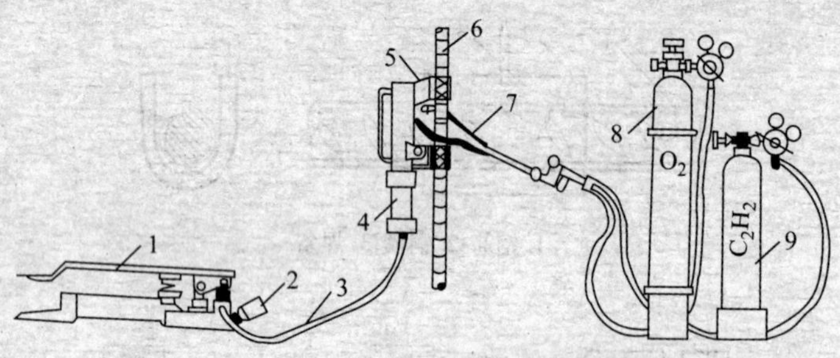

图 4－9 气压焊设备工作简图

1. 脚踏液压泵；2. 压力表；3. 液压胶管；4. 活动液压缸；5. 钢筋卡具；6. 被焊接钢筋；7. 多孔烤枪；8. 氧气瓶；9. 乙炔瓶

五、钢筋电渣压力焊

将两钢筋安放成竖向对接形式，利用焊接电流通过两钢筋端面间隙，在焊剂层下形成电弧过程和电渣过程，产生电弧热和电阻热，熔化钢筋，加压完成的一种压焊方法

先将钢筋端部约 120*mm* 范围内的铁锈除尽，将夹具夹牢在下部钢筋上，并将上部钢筋扶直夹牢于活动电极中。再装上药盒，装满焊药，接通电路，用手柄使电弧引燃（引弧）。然后稳定一定时间，使之形成渣池并使钢筋熔化（稳弧），随着钢筋的熔化，用手柄使上部钢筋缓缓下送。当稳弧达到规定时间后，在断电同时用手柄进行加压顶锻（顶锻），以排除夹渣和气泡，形成接头。待冷却一定时间后，即拆除药盒、回收焊药、拆除夹具和清除焊渣。引弧、稳弧、顶锻三个过程连续进行。

六、预埋件钢筋埋弧压力焊

将钢筋与钢板安放成“*T*”形接头形式，利用焊接电流通过，在焊剂层下产生电弧，形成熔池，加压完成的一种压焊方法。

七、钢筋焊接的安全技术

1. 焊接一般规定

(1)焊接作业人员,必须经专业安全技术培训,考试合格,持证上岗独立操作。非电焊工严禁进行电焊作业。

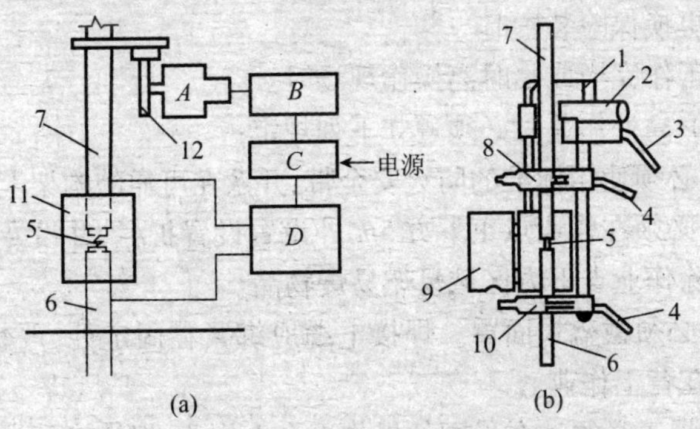

图 4-10　电动凸轮式钢筋自动电渣压力焊机示意图

(a)焊接基本原理方框图;(b)焊接机头

1. 把子;2. 电机传动部分;3. 电源线;4. 焊把线;5. 铁丝圈;6. 下钢筋;7. 上钢筋;8. 上夹头;9. 焊药盒;10. 下夹头;11. 焊剂;12. 凸轮;A. 电机与减速箱;B. 操作箱;C. 控制箱;D. 焊接变压器

(2)操作时应穿电焊工作服、绝缘鞋和戴电焊手套、防护面罩等安全防护用品,高处作业时系安全带。

(3)电焊作业现场周围 10m 范围内不得堆放易燃易爆物品。

(4)雨、雪、风力六级以上(含六级)天气不得露天作业。雨雪后应清除积水、积雪后方可作业。

(5)操作前应首先检查焊机和工具,如焊钳和焊接电缆的绝缘、焊机外壳保护接地和焊机的各接线点等,确认安全合格方可作业。

(6)焊接时临时接地线头严禁浮搭,必须固定、压紧,用胶布包严。

(7) 操作时遇下列情况必须切断电源：

①改变电焊机接头时。

②更换焊件需要改变二次回路时。

③转移工作地点搬动焊机时。

④焊机发生故障需进行检修时。

⑤更换保险装置时。

⑥工作完毕或临时离操作现场时。

(8) 高处作业时必须遵守下列规定：

① 必须使用标准的防火安全带，并系在可靠的构架上。

② 必须在作业点正下方 5*m* 外设置设置护栏，并设专人监护。必须清除作业点下方区域易燃易爆物品。

③ 必须戴盔式面罩。焊接电缆应绑紧在固定处，严禁绕在身上或搭在背上作业。

④ 焊工必须站在稳固的操作平台上作业，焊机必须放置平稳、牢固，设有良好的接地保护装置。

(9)操作时严禁焊钳夹在腋下去搬被焊工件或焊接电缆挂在脖颈上。

(10)焊接时二次线必须双线到位，严禁借用金属管道、金属脚手架及结构钢筋作回路地线。焊把线无破损，绝缘良好。焊把线必须加装电焊机触电保护器。

(11)焊接电缆通过道路时，必须架高或采取其他保护措施。

(12)焊把线不得放在电弧附近，不得碾压焊把线。

(13)清除焊渣时应配带防护眼镜或面罩。

(14) 下班后必须拉闸断电，必须将地线和把线分开，并确认火已熄灭方可离开现场。

2. 钢筋闪光对焊安全措施

(1)对焊前，应清除钢筋与电极表面的锈皮和污泥，使电极接触良好，以避免出现“打火”现象。

(2) 对焊机的参数选择，包括功率和二次电压应与对焊钢筋

相适应，电极冷却水的温度不得超过40℃，机身应保持接地良好。

(3) 闪光火花飞溅的区域内，要设置薄钢板或水泥石棉挡板防护装置，在对焊机与操作人员之间，可在机上装置活动套，防止火花射灼操作人员。

(4)对焊完毕不应过早松开夹具；焊接接头尚处在高温时避免抛掷，同时不得往高温接头上浇水，较长钢筋对接时应安放在台架上操作。

3. **钢筋气压焊安全措施**

(1)供气装置的使用应严格遵照国家颁布的《气瓶安全监察规程》和《溶解乙炔气瓶安全监督规程》中有关规定执行。施焊作业应遵循《焊接与切割安全中气焊安全规程》(*GB*9448)的有关规定执行。氧气的工作压力不得超过0.8*MPa*，乙炔的工作压力不得超过0.1 *MPa*。

(2)氧气瓶、乙炔瓶阀应保证严密不漏气，瓶上严禁粘油；氧气瓶工作前应开气吹掉污物，氧气表与瓶阀连接要紧密，以免跑气或脱落伤人。

(3) 氧气瓶、乙炔瓶、氧气表、乙炔表及皮管有漏气时，要及时修理，符合要求后方可使用。压接设备要定期检查鉴定，有毛病的工具和设备不得使用。

(4)作业地点及下方，不得有易燃品、易爆炸品。施工现场使用氧气瓶、乙炔瓶、压接头钳时，三者的距离不得小于10*m*，如不能满足要求，应采取遮挡措施。不得将点燃的焊炬随意卧在模板或挂在钢筋上。

(5)每个氧气瓶、乙炔加压器只可装一把焊炬。安装夹具前要检查，如发现夹具、顶丝有裂缝和损坏要禁止使用，以免发生安全事故。

(6)焊炬火焰熄灭，或发生回火时，均应先关闭焊炬乙炔阀，再关闭氧气阀。

(7)施焊现场应设置消防设备，如灭火器、消防龙头等，但严禁

使用四氯化碳灭火器。

(8)焊接操作人员应配带气焊防目镜、手套、安全帽。雨雪天应有防滑措施。高空作业时,脚手架要支设牢固,并设护身栏。

模块二　钢筋机械连接

钢筋机械连接是通过连接件的机械咬合作用或钢筋端面的承压作用,使两根钢筋能够传递力的连接方法。钢筋机械连接接头质量可靠,现场操作简单,施工速度快,无明火作业,不受气候影响,适应性强,而且可用于可焊性较差的钢筋。常用的钢筋机械连接有挤压连接和螺纹套管连接,是近年来大直径钢筋现场连接的主要方法。

一、钢筋径向挤压连接

钢筋挤压套筒连接是在常温下采用特别钢筋连接机,通过挤压力使连接用的钢套筒发生塑性变形,与带肋钢筋紧密咬合在一起,从而形成连接接头。

1. 特点

强度高、速度快、准确、安全、不受环境限制。

2. 适用(带肋粗筋)

HRB335、HRB400、RRB400 级直径 18 ~ 40d 的钢筋,异径差≯5mm。

3. 方法

径向挤压;轴向挤压。

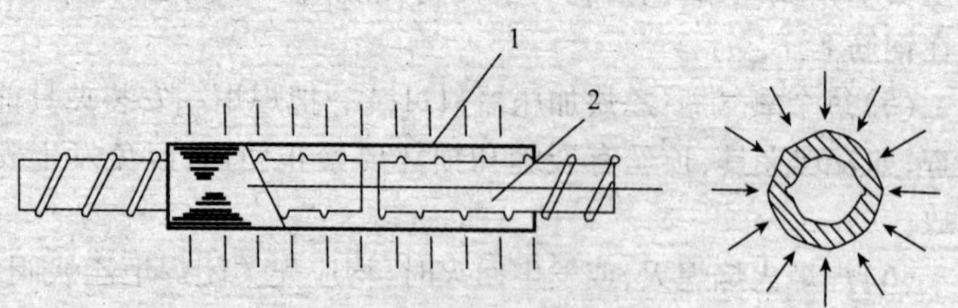

图 4 -11　钢筋径向挤压连接

1. 钢套筒;2. 被连接的钢筋

4. 要求

套管材料、规格合格，屈服、极限强度比钢筋大10%以上；钢筋无污、肋纹无损；压痕道数符合要求（3～8×2道），压痕外径为0.85～0.9mm套管原外径；接头无裂纹，弯折≯4°。

强度检验：500个取3个，1个不合格，加倍抽样复验；满足*A*级（母材极限、高延性、反复拉压）或*B*级（1.35倍屈服）抗拉强度要求。

图4－12　套管冷挤压连接的钢筋

二、钢筋螺纹套管连接

螺纹套管连接分直螺纹套筒连接与锥螺纹套筒连接。

钢筋直螺纹套筒连接是通过钢筋端头特制的直螺纹和直螺纹套管，将两根钢筋咬合在一起。钢筋锥形螺纹连接是通过钢筋端头特制的锥形螺纹和锥螺纹套管，按规定的力矩值将两根钢筋咬合在一起的连接方法。

1. 特点

速度快、准确、安全、工艺简单、不受环境、钢筋种类限制。

2. 适用

HPB235～HRB400级直径16～40的竖向、水平、斜向钢筋，异径差>9mm。

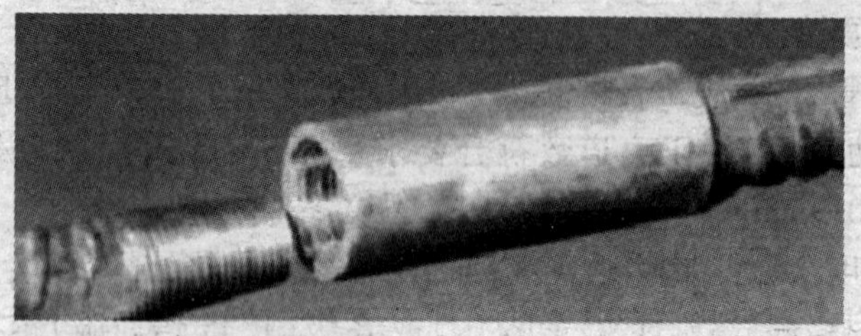

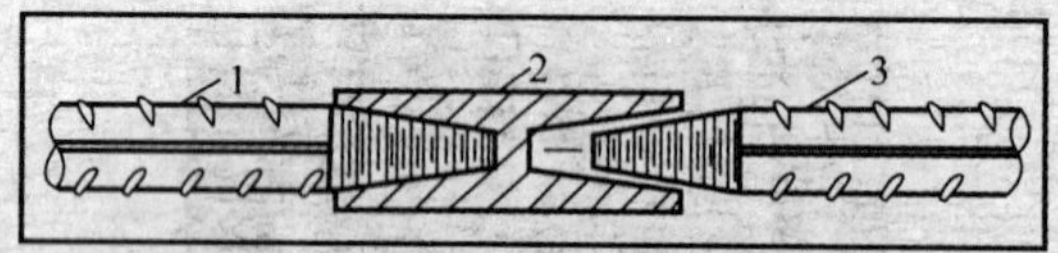

图 4－13　钢筋锥形螺纹连接

1. 已连接的钢筋；2. 锥螺纹套筒；3. 未连接的钢筋

图 4－14　钢筋螺纹连接

3. 要求

套筒材料、尺寸、丝扣合格（塞规检查、盖帽）；

钢筋丝扣合格（卡规、牙规检查）、洁净、无锈，套保护帽；锥螺纹连接需用力矩扳手拧紧至出声；外露少于一个完整丝扣；

正式连接前，每 300 取 3 个试样；

锥螺纹连接：达到 *B* 级接头标准（屈服强度≮筋屈强度，极限强度≮1.35 筋屈强度）；

直螺纹连接：达到 *A* 级接头标准（≮钢筋抗拉强度）。

三、钢筋机械连接安全措施

1. 钢筋冷挤压连接安全措施

(1)操作时不得硬拉电线和高压油管。

(2)高压油管不得打死弯，操作人员应避开高压胶管反弹方向，以免伤人。

(3)液压系统中严禁混入杂质，在装卸超高压软管时，其端部要保管好，不能带有灰尘、砂土杂物。

(4)操作人员应戴安全帽和手套，高空作业应戴安全带。

2. 钢筋直螺纹连接安全措施

(1)参加施工的作业人员必须经过培训考核合格，并经“三级”安全教育后方能上岗。

(2)清除钢筋连接端头的浮锈、泥浆等，钢筋端部的弯折要预矫直，断料宜用砂轮砌割机。

(3)操作前应对压圆设备及滚丝设备进行检查及试运转，符合要求方能作业。

(4)操作人员不能硬拉压圆机的油管或用重物砸压油管，尽可能避开高压胶管的反弹方向，以防伤人。

第五单元　钢筋的绑扎与安装

为了使构件中的钢筋在浇捣混凝土时，不致变形和位移，必须将加工好的单根钢筋，采用焊接或手工绑扎成网片、骨架，然后进行安装，或者在现场进行绑扎。随着装配式结构的发展和钢筋加工机械化程度的提高，钢筋安装逐步由现场绑扎变为车间预制钢筋网、架，运到现场安装。这不但可以保证钢筋加工质量，而且可加快施工进度。但是在机械条件受到限制，或结构复杂的现浇工程和小型分散的工程，仍然采用现场手工绑扎的方法。

钢筋绑扎和安装是钢筋工程中的最后一道工序，是一项技术性比较强的工作，是关系到钢筋工程质量的关键，因此，必须熟练地掌握绑扎、安装的方法和有关规定。

模块一　钢筋的绑扎

一、一般规定

绑扎连接是钢筋接头中最简单的方法。它是将钢筋按规定的搭接长度，用扎丝在搭接部分的中间与两头三点扎牢就行了(图5－1)。

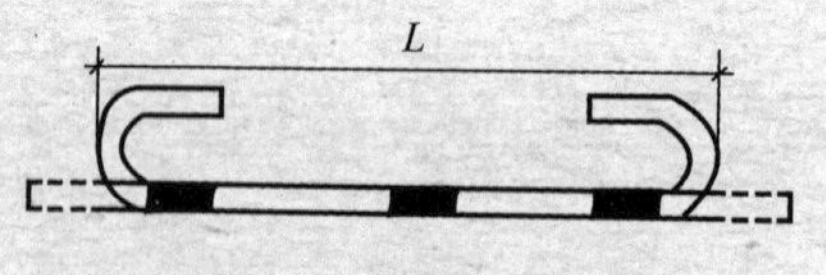

图5－1　钢筋绑扎接头

每个扎点最好用两根扎丝。为了保证构件的受力性能，绑扎接头应符合下列规定：

(1)钢筋绑扎接头的搭接长应符合施工及验收规范的规定。

(2)绑扎接头在构件中本来就是一个比较薄弱的部位,因此,应把它放在受力比较小的截面里。例如,简支梁跨度中间受力最大,绑扎接头就不能放在中间,而应放在梁两端1/3范围内,且不宜放在弯起钢筋的弯折处。距弯折处的距离应不小于钢筋直径的10倍。

(3)钢筋的绑扎接头不允许集中在构件的某一截面上。按规范规定;受力钢筋的绑扎接头位置应相互错开。在受力钢筋直径30倍区段范围内(不小于500毫米),有绑扎接头的受力钢筋截面面积占受力钢筋截面面积的百分率为:在受拉区不得超过25%,在受压区不得超过50%。在分不清受拉区和受压区的情况下,都应按受拉区的规定处理。

(4)绑扎接头是依靠钢筋的搭接长度在混凝土中的锚固作用来传递内力的。对于大型构件厂仅仅依靠钢筋的搭接长度来传递内力是不够的,同时搭接的长度也太长,浪费钢筋太多。因此,绑扎接头的使用就要受到一定的限制。如钢筋直径大于25毫米,就不宜采用绑扎接头,在轴心受拉和小偏心的受拉杆件(如屋架下弦杆、受拉腹杆)中以及承受中、重级工作吊车的钢筋混凝土吊车梁的受拉主筋等,一律不得采用绑扎接头。

二、绑扎前的准备工作

(1)熟悉图纸。结构施工图中的平面布置图和构件配筋图是钢筋绑扎安装的依据,在绑扎安装前必须看懂,要明确各种构件的安装位置、相互关系和施工顺序。如发现图中有误或不合理的地方,应及时通知技术部门负责人会同设计人员研究解决,以免施工中造成返工。

(2)核对钢筋配料单和配料牌。对已加工好的钢筋,应按照配料单和配料牌核对构件编号、钢筋规格、形状、数量等是否相符。如有差错,应及时纠正或增补,以免绑扎安装时,束手不及,影响施

工进度。

(3)做好机具、材料准备。根据劳动人数,准备必要数量的扳手、扎丝钩、撬杠、划线尺、扎丝、绑扎架等操作工具,以及钢筋运输车、固定支架、水泥砂浆垫块等。

三、绑扎工具

钢筋绑扎所需工具是比较简单的。主要有扎丝钩、带扳口的小撬杠和绑扎支架等。

(1)扎丝钩。

又叫钢筋钩或铅丝钩,是绑扎钢筋的主要工具。扎丝钩是用直径 12 ~ 16mm,长 160 ~ 200mm 光圆钢筋制成的。弯钩部分与手柄应成 90°,以便于扭结丝扣,且操作时比较省力。为了在绑扎扎丝钩时旋转方便不致磨手,可在扎丝钩手柄上加一套管。有的为了利用扎丝钩扳弯直径小于 6 毫米的钢筋,也可在末端加一小扳口。扎丝钩形状如图 5 – 2 所示。

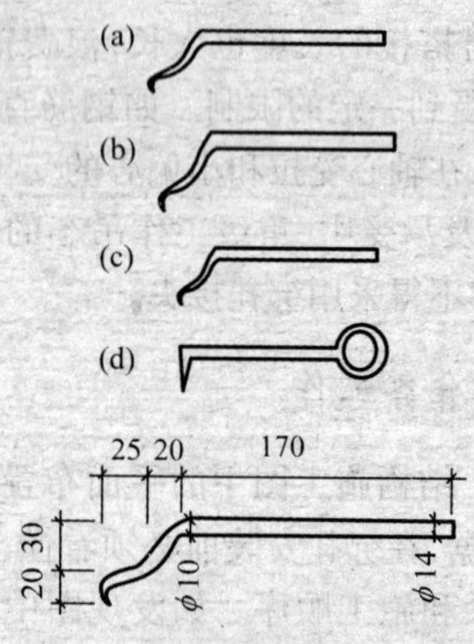

图 5 – 2　几种常用的扎丝钩

2. 小撬杠。

在绑扎安装钢筋网、架时,用以调整钢筋间距,矫正钢筋局部弯曲,以及垫保护层水泥砂浆垫块。小撬杠形状如图 5 – 3 所示。

图 5－3　小撬杠

(3)绑扎支架。在钢筋加工场,为了便于钢筋骨架的绑扎,常采用直径 20*mm* 以下的短钢筋焊制成简单的支架(图 5－4)。这种支架,比较轻巧,操作方便。当绑扎平板钢筋网片时,如果一种型号的构件数量较多,可以利用木条制作绑扎模架。模架上按钢筋间距刻上凹槽。在进行绑扎时,只需将钢筋放入凹槽内即可,不但省去了划线步骤,而且钢筋位置准确,便于绑扎,可提高工效。

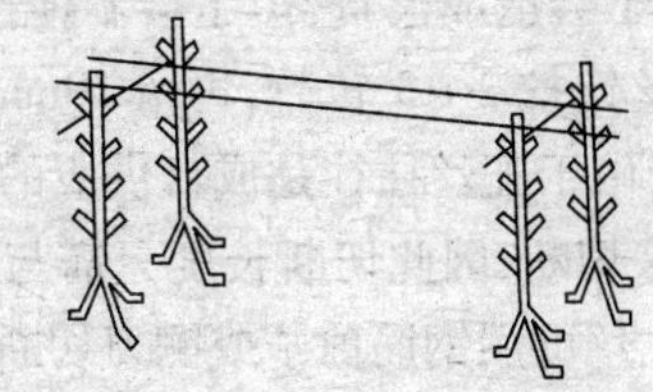

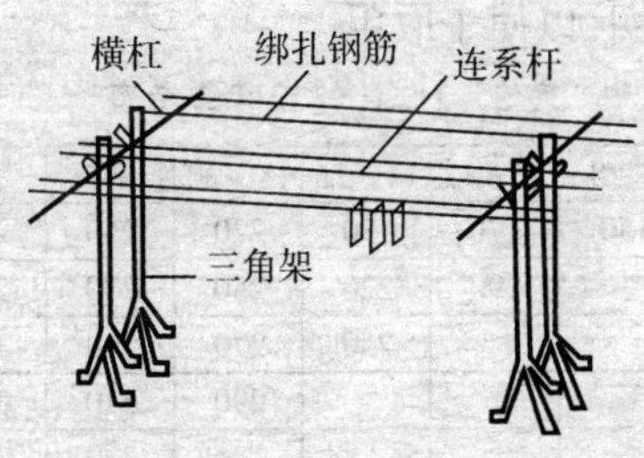

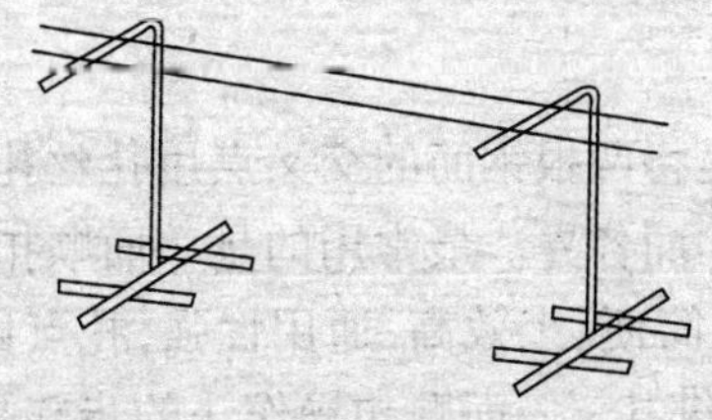

图 5－4　绑扎支架

四、钢筋绑扎

1. 扎丝规格

绑扎钢筋用的扎丝，有镀锌铅丝和火烧铁丝两种。一般用镀锌铅丝为多。但在铅丝紧缺的情况下，也可以采用细铁丝，经过火烧后变软，所以又叫火烧铁丝。扎丝常用规格有 18～22 号。当绑扎钢筋直径在 12mm 以下时，宜用 22 号扎丝；在 12～25mm 时，宜用 20 号扎丝，在 25mm 以上时，宜用 18 号扎丝。扎丝的长度不宜太长，也不宜过短。长了会造成浪费，短了会不便操作。扎丝出头长度一般为了能使扎丝钩拧 2～3 转后，再留 10mm 左右为宜。扎丝长度可参考表 5－1，由于扎丝往往是成盘供应的，习惯上都是按每盘周长的几分之一来切断，因此切断长度只需与表 5－1 中数值基本相符就可以了。扎丝可用钢筋剪子或铡刀切断。在切断时，刀口要挨紧，以防扎丝端部弯折。为了方便操作，将切断的扎丝分成小股，用铅丝缠上几圈，以便于取用。

表 5－1　扎丝长度参考表

钢筋直径(*mm*)	6～8	10～12	14～16	18～20	22	25	28	32
6～8	150	170	190	220	250	270	290	320
10～12		190	220	250	270	290	310	340
14～16			250	270	290	310	330	360
18～20				290	310	330	350	380
22					330	350	370	400

2. 绑扎方法

钢筋绑扎就是将两根钢筋的交叉点用扎丝扎牢。绑扎的方法根据各地习惯不同而各异。最常用的是一面顺扣操作法。这绑扎法的特点是：操作简便、工效高，通用性强，扎点比较牢靠，适于钢筋网、架各部位的绑扎。一面顺扣操作法的步骤是，首先将已切断的小股扎丝在中间弯折 180°，以左手便握为宜。在绑扎时，右手抽出一根扎丝，将弯折处扳弯 90°后，左手将弯折部分穿过钢筋扎点的底部，手拿扎丝钩钩住扎丝扣，食指压在钩前部，紧靠扎丝开口端，顺时针旋转 2～3 圈，即完成一个结点的绑扎。在操作时，要注意扎丝扣伸过钢筋扎点底部不要过长，并用扎丝钩扣紧，这样不但扎点扣得紧，而且绑扎速度也快。采用一面顺扣法绑扎钢筋网、架时，每个扎点的丝扣方不能顺着一个方向，应交叉进行。这样才能使绑扎的钢筋网、架整体性好，不易变形。钢筋绑扎方法除一面顺扣法外，还有十字花扣、反十字扣、兜扣、反十字缠扣、兜扣加缠、套扣等。这些方法可根据各地习惯和绑扎部位要求进行选择。

第六单元 质量与安全知识

模块一 钢筋安装质量要求

一、钢筋加工与安装质量控制点

(1)原材料材质。

表面锈蚀、混料、原料曲折、成型后弯曲处裂缝、钢筋纵向裂缝、试件强度不足或伸长率低。

(2)钢筋加工。

钢丝表面损伤、钢筋剪断尺寸不准、成型尺寸不准。

(3)钢筋安装。

骨架外形尺寸不准、绑扎网片斜扭、平板中钢筋的混凝土保护层不准、骨架吊装变形、柱子外伸钢筋错位、框架梁插筋错位、同一连接区段内接头过多、露筋、箍筋间距不一致、绑扎搭接接头松脱、柱箍筋接头位置同向、梁箍筋弯钩与纵筋相碰、梁箍筋被压弯、双层网片移位、钢筋遗漏、绑扎接点松扣、柱钢筋弯钩方向不对、薄板露钩、基础钢筋倒钩、骨架歪斜、四肢箍筋宽度不准。

二、钢筋工程质量标准及检验方法

(1)钢筋加工的形状、尺寸应符合设计要求,其偏差应符合表6－1的规定。

表 6－1　钢筋加工的允许偏差

项　目	允许偏差(mm)
受力钢筋顺长度方向全长的净尺寸	±10
弯起钢筋的弯折位置	±20
箍筋内净尺寸	±5

(2)钢筋安装位置的允许偏差和检验方法应符合表 6－2 的规定。

表 6－2　钢筋安装位置的允许偏差和检验方法

项 目			允许偏差(mm)	检验方法
绑扎钢筋网	长、宽		±10	钢尺检查
	网眼尺寸		±20	钢尺量连续三档,取最大值
绑扎钢筋骨架	长		±10	钢尺检查
	宽、高		±5	钢尺检查
受力钢筋	间 距		±10	钢尺量两端、中间各一点,取最大值
	排 距		±5	
	保护层厚度	基 础	±10	钢尺检查
		柱、梁	±5	钢尺检查
		板、墙、壳	±3	钢尺检查
绑扎箍筋、横向钢筋间距			±20	钢尺量连续三档,取最大值
钢筋弯起点位置			20	钢尺检查
预 埋 件	中心线位置		5	钢尺检查
	水平高差		+3,0	钢尺和塞尺检查

注:1. 检查预埋件中心线位置时,应沿纵、横两个方向量测,并取其中的较大值。

2. 表中梁类、板类构件上部纵向受力钢筋保护层厚度的合格率应达到 90% 及以上,且不得有超过表中数值 1.5 倍的尺寸偏差。

模块二　钢筋工安全技术操作规程

第 1 条　钢材、半成品等应按规格、品种分别堆放整齐,制作场地要平整,工作台要稳固,照明灯具必须加网罩。

第 2 条　拉直钢筋时,卡头要卡牢,地锚要结实牢固,拉筋沿线 2 米区域内禁止行人。人工绞磨拉直,不准用胸、肚接触推杠,应缓慢松解,不得一次松开。

第3条　展开盘圆钢筋要一头卡牢,防止回弹,切断时要先用脚踩紧。

第4条　人工断料,工具必须牢固。掌克子和打锤,要站成斜角,注意扔锤区域内的人和物体。切断小于30*cm*的短钢筋,应用钳子夹牢,禁止用手把扶,并在外侧设置防护箱笼罩。

第5条　多人合运钢筋,起、落、转、停等动作要一致,人工上下传送不得在同一垂直线上。钢筋堆放要分散、稳当,防止倾倒和塌落。

第6条　在高空、深坑绑扎钢筋和安装骨架,须搭设脚手架和马道。

第7条　绑扎立柱、墙体钢筋时,不得站在钢筋骨架上和攀登骨架上下。柱筋在4*m*以内,重量不大,可在地面或楼面上绑扎,整体竖起;柱筋在4*m*以上,应搭设工作台。柱梁骨架应用临时支撑拉牢,以防倾倒。

第8条　绑扎基础钢筋时,应按施工设计规定摆放钢筋支架或马凳架起上部钢筋,不得任意减少支架或马凳。

第9条　绑扎高层建筑的圈梁、挑檐、外墙。边柱钢筋时,应搭设外挂架或安全网。绑扎时应挂好安全带。

第10条　起吊钢筋骨架时,下方禁止站人。必须待骨架降落到离地1米以内方准靠近,就位支撑好方可摘钩。

第11条　绑扎立柱、墙体钢筋时,不准将木棒或衡木插入钢筋骨架内,并坐在木棒或衡木上操作。

第12条　钢筋超长时,捆扎应牢固,使用塔吊、井字架提升机的独立把杆应在起重工指挥下进行吊运到施工层面的作业。若使用人工传递应拟定操作方案并应在监护下进行操作。

第13条　在操作平台上堆放钢筋或物料应牢靠,操作工具不用时,必须装在工具袋内,以防坠物伤人。

第14条　使用钢筋冷拉机、切断机、弯曲机,应遵守钢筋机械安全技术操作规程,先检查后使用,使用后切断电源,设备应做好"十字"作业(清洁、润滑、调整、紧固、防腐)。

参考文献

1. 中华人民共和国国家标准。混凝土结构设计规范（*GB*50010－2002）。北京：中国建筑工业出版社，2002.

2. 中华人民共和国国家标准。混凝土结构工程施工质量验收规范（*GB*50204－2002）。北京：中国建筑工业出版社，2002.

3. 中华人民共和国行业标准。钢筋焊接及验收规范（*GJG*18－2003）。北京：中国建筑工业出版社，2003.

4. 中华人民共和国行业标准。钢筋连接通用技术规程（*GJG*107－2003）。北京：中国建筑工业出版社，2003.

5. 中华人民共和国行业标准。钢筋锥螺纹接头技术规程（*GJG*109－96）。北京：中国建筑工业出版社，1997.

6. 俞宾辉．建筑钢筋工程施工手册。济南山东科学技术出版社，2004.

7. 梁新芳，王瑞红，杨国文．钢筋工长便携手册。北京：机械工业出版社，2005.

8. 韦仕忠．钢筋工基本技能．北京：中国劳动社会保障出版社，2005.

9. 应惠清．土木工程施工．上海：同济大学出版社，2001.

10. 杨天春．钢筋下料长度的一种简化计算方法。武汉：武汉船舶职业技术学院学报，2005. 3.

11. 建设部工程质量安全监督与行业发展司．全国总工会中国海员建设工会组织编写。钢筋工/建筑工人安全操作基本知识读本．北京：中国建筑工业出版社，2006.